博碩文化

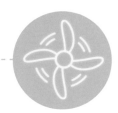

U0086655

物 聯 網 實 戰

ESP32篇

使用 樹莓派 / NodeMCU-32S
Python / MicroPython / Node-RED

打 造 安 全 監 控 系 統

修訂版

林聖泉 著

本書範例程式
請至博碩官網下載

作　　者：林聖泉
責任編輯：林楷倫

董 事 長：陳來勝
總 編 輯：陳錦輝

出　　版：博碩文化股份有限公司
地　　址：221 新北市汐止區新台五路一段 112 號 10 樓 A 棟
　　　　　電話 (02) 2696-2869　傳真 (02) 2696-2867

發　　行：博碩文化股份有限公司
郵撥帳號：17484299　戶名：博碩文化股份有限公司
博碩網站：http://www.drmaster.com.tw
讀者服務信箱：dr26962869@gmail.com
訂購服務專線：(02) 2696-2869 分機 238、519
（週一至週五 09:30 ～ 12:00；13:30 ～ 17:00）

版　　次：2023 年 2 月二版一刷

建議零售價：新台幣 650 元
Ｉ Ｓ Ｂ Ｎ：978-626-333-376-5
律師顧問：鳴權法律事務所 陳曉鳴律師

本書如有破損或裝訂錯誤，請寄回本公司更換

國家圖書館出版品預行編目資料

物聯網實戰 . ESP32 篇：使用樹莓派 /NodeMCU-
32S/Python/MicroPython/Node-RED 打造安
全監控系統 / 林聖泉著 . -- 二版 . -- 新北市：
博碩文化股份有限公司 , 2023.02
　　面；　公分
ISBN 978-626-333-376-5(平裝)
1.CST: 微電腦 2.CST: 電腦程式語言
471.516　　　　　　　　　　　112000026

Printed in Taiwan

歡迎團體訂購，另有優惠，請洽服務專線
博碩粉絲團　(02) 2696-2869 分機 238、519

自序

本書延續「物聯網實戰」，從原來「樹莓派 + Arduino」的架構改為「樹莓派 + ESP32」。晶片模組「ESP32」主要特色為雙核心、32 位元、支援 Wi-Fi 與藍牙低功耗通訊，於 2016 年首次推出後，不斷更新產品，獲得不少物聯網開發平台採用，本書中的 NodeMCU-32S 就是其中之一項產品。它具備 Arduino UNO、NodeMCU-ESP8266 原有的功能，除了提供多達 19 個 GPIO 數位腳位、18 個 12 位元的類比訊號輸入腳位之外，還加入內建觸摸與霍爾感測器，使得功能更齊全，網路資源也豐富，是一個相當值得學習的開發平台。本書結合「樹莓派」與「ESP32」，前者作為中心裝置，後者作為周邊裝置，充分發揮它們原有的功能，進而有系統地建立實用的物聯網。

本書另一個特色是完全脫離 Arduino IDE 與 C 語言，「樹莓派」採用 Python 程式，而「ESP32」則使用 MicroPython——專為微控制器打造的 Python；運用「MQTT」與「藍牙低功耗」通訊將「ESP32」與「樹莓派」串接在一起，無論有無 Wi-Fi 提供的場所，都可以實踐物聯網既定的工作。另外，本書介紹一個免費的雲端伺服器 ThingSpeak，藉由「MQTT」通訊將量測的溫濕度發布至 ThingSpeak，除了儲存資料，也可以作為控制其他裝置的依據，完全免除維護伺服器繁瑣的工作。

本書分三個部分

- 樹莓派
- ESP32
- 樹莓派與 ESP32

前兩部分是讓讀者對物聯網的組成有基本認識，第三部分是運用相關技術建立物聯網；使用「Node-RED」規劃控制「流程」，藉「MQTT」、「藍牙低功耗」通訊，讓訊息在物聯網輕易傳遞、提供相關裝置使用，而建立便利、舒適、安全的「居家環境安全監控系統」。

筆者要感謝國立中興大學生物產業機電工程學系修習「物聯網在生機系統之應用」課程的同學，在過程中給予許多寶貴意見，這些都反映在這本書裡。當然，筆者特別感謝吾妻的體貼與鼓勵、以及博碩文化蔡瓊慧編輯、林楷倫編輯與同仁們的大力協助。

修訂版主要做以下增修：

- 第 1 章：基於樹莓派作業系統安裝方式有大幅度的改良，修訂設定步驟；在執行 Raspberry Pi OS Imager 過程中，可以直接進行無線網路帳號、密碼的設定，再利用 PuTTY 連線啟動樹莓派 VNC 伺服器，直接利用 VNC Viewer 遠端連線，樹莓派不需外接顯示器，就可以操作，相當容易上手

- 6.3 節：因應 ThingSpeak 修改 MQTT 應用介面與連結方式，修訂設定步驟，詳列發布與訂閱主題訊息的格式

- 採用 3.0.2 版 Node-RED，部分結點稍有變化，已做更新

- 第 11 章：Google 為保護使用者帳戶安全，建議關閉「低安全性應用程式存取權」，因此使用 email 結點原有的設定方式不再適用，改為需由 Google 提供的「應用程式密碼」，增訂它的設定步驟

- 更新部分參考資料的網址

林聖泉 於台中 2023/1

本書使用裝置 IP

- 筆電：192.168.0.174
- 樹莓派 4 Model B：192.168.0.156、192.168.0.176
- ESP32：192.168.0.109、192.168.0.141

無線網路帳號、密碼、IP

本書程式中有關無線網路帳號、密碼、IP，讀者請自行查明更改。

單引號與雙引號

- Python 程式的字串可以使用單引號或雙引號，例如："Raspberry Pi" 與 'Raspberry Pi' 是相同字串
- Python 程式，如果字串裡有單引號或雙引號，先使用單引號，接著雙引號、雙引號，最後單引號，例如：'{"Model": "B"}'
- Node-RED「function」結點的字串格式與 Python 程式相同

CONTENTS
目錄

PART ❶ 樹莓派

PART ❷ **ESP32**

CHAPTER **05** ESP32 介紹

CHAPTER **06** ESP32 無線通訊模組

PART ❸ 樹莓派與 **ESP32**

CHAPTER **07** 樹莓派與 ESP32 的結合

CHAPTER **08** Node-RED 介紹

CHAPTER **09**　居家環境監控系統

CHAPTER **10**　居家設備控制系統

CHAPTER **11**　居家安全監視系統

CHAPTER **12**　使用者介面客製化

參考資料

附錄 A：JavaScript 介紹

附錄 B：利用 OpenVPN 達成跨網域監控

附錄 C：電子零件清單

PART ❶ 樹莓派

01
CHAPTER

樹莓派介紹

1.1 簡介

樹莓派（Raspberry Pi）由英國「樹莓派基金會」設計開發，本書採用樹莓派 4 Model B，外觀如圖 1.1，相當於皮夾大小，價格實惠，具備一般電腦主機功能。它擁有 Broadcom BCM2711 系統晶片、ARM Cortex-A72 64 位元四核心 CPU、可選 1GB、2GB、4GB、或 8GB SDRAM。它的作業系統是儲存在 micro SD card，必須另外下載。資料傳輸部分，支援十億位元乙太網路介面（Gigabit Ethernet）、2.4GHz 與 5.0GHz IEEE 802.11ac 無線網路、與藍牙 5.0（Bluetooth 5.0）、藍牙低功耗（Bluetooth Low Energy；BLE）。周邊部分，2 個 USB 3.0、2 個 USB 2.0 插槽可以接鍵盤、滑鼠、或網路攝影機，2 個 micro-HDMI 插槽可接雙螢幕，1 個 CSI（Camera Serial Interface）介面可以接 Pi 攝影機，1 個音訊輸出插孔，1 個 USB-C 插槽接 5V 電源，40 個腳位接頭。

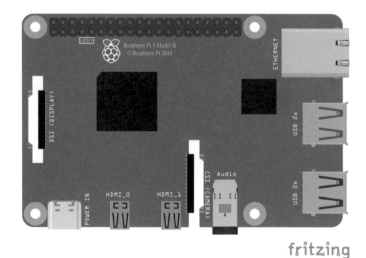

圖 1.1 樹莓派 4 Model B

樹莓派作業系統 Raspberry Pi OS，之前稱為 Raspbian，它是基於 Debian Linux 專為樹莓派發展的作業系統，其桌面與 PC 的 Windows 類似。

樹莓派官網在「關於我們」（About us）揭露基金會推廣樹莓派的使命：「Raspberry Pi 基金會是英國的一個慈善機構，它的使命是透過計算和數位技術的力量使年輕人能夠充分發揮潛力」（The Raspberry Pi Foundation is a UK-based charity with the mission to enable young people to realise their full potential through the power of computing and digital technologies.）。（https://www.raspberrypi.org/about/，瀏覽日期：2022/11/28）它除了提供初學者學習平台，也為經驗豐富的開發人士創造友善環境。樹莓派官網：https://www.raspberrypi.org，提供豐富資源、應用程式下載專區、以及使用者討論區，這些都是自學者很好的學習管道。

1.2 開箱設定

📶 安裝 PuTTY

PuTTY 為 SSH 與 telnet 用戶端連結程式，運用它啟用樹莓派 VNC（Virtual Network Computing），屆時可以電腦在遠端連結樹莓派，毋須另外接顯示器，下載官網：https://www.putty.org/。

📶 新機設定

STEP 01 下載 Raspberry Pi OS Imager 應用程式，下載官網：https://www.raspberrypi.org/software/，選 Download for Windows。

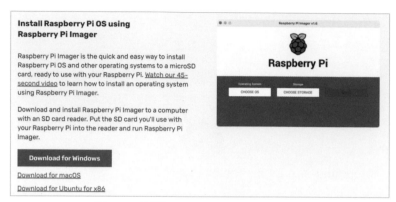

圖 1.2　下載 Raspberry Pi OS Imager

STEP 02　micro SD card 格式化：使用 SD card Formatter，下載官網：https://
www.sdcard.org/downloads/formatter/。將 micro SD card（Class 10、
至少 16 GB）放入轉接卡，插入筆電或桌機 SD 記憶卡插槽，執行
Formatter，如圖 1.3，點擊「Format」。

圖 1.3　micro SD card 格式化

STEP 03 執行 Raspberry Pi OS Imager，如圖 1.4，選擇 RASPBERRY PI OS
（32-BIT）、SDHC CARD，如圖 1.5。

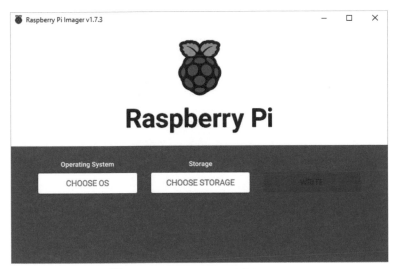

圖 1.4　Raspberry Pi OS Imager

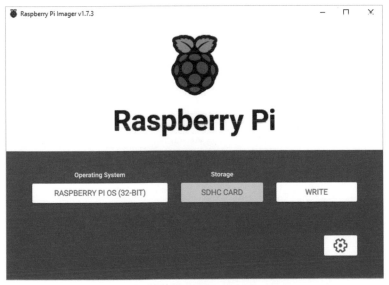

圖 1.5　Raspberry Pi OS Imager 設定

STEP 04 點擊圖 1.5 右下設定圖塊「Advanced options」進行無線網路、帳號密
碼設定，如圖 1.6。此為新增功能，可以簡化安裝步驟。

◆ 勾選 Enable SSH > Use password authentication

◆ Set username and password：使用者帳號與密碼設定

◆ Configure wireless LAN：確認無線分享器 SSID、Password；Wireless
LAN country，台灣設為 TW

◆ Set locale settings：Time zone，台灣設為 Asia/Taipei

◆ 點擊「SAVE」

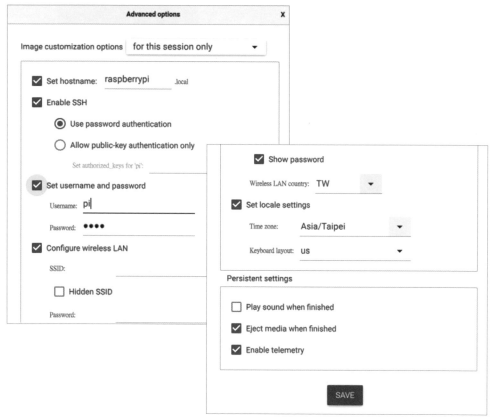

圖 1.6　無線網路設定

STEP 05 點擊「WRITE」，安裝完成如圖 1.7。

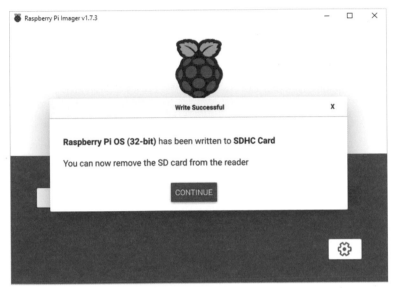

圖 1.7 Raspberry Pi OS Imager 完成作業系統安裝

STEP 06 將安裝好作業系統的 micro SD card 裝入樹莓派 SD card 插槽。

STEP 07 樹莓派接上電源。

STEP 08 利用電腦執行無線分享器工具程式，查詢樹莓派 IP。

STEP 09 執行 PuTTY 程式，圖 1.8 為執行程式畫面，Host Name（or IP address）為樹莓派網址（請確認 IP），Port 埠號為 22，Connection type 為 SSH，設定完成後儲存，本例名稱為 pi。點擊「Open」，打開連結，輸入帳戶名稱、密碼後，出現終端機視窗，即可開始使用樹莓派。

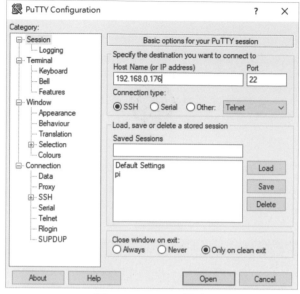

圖 1.8　PuTTY 設定

STEP 10　執行樹莓派配置，啟用 VNC server。至 PuTTY 終端機執行

```
$ sudo raspi-config
```

◆　點擊 Interface Options，如圖 1.9

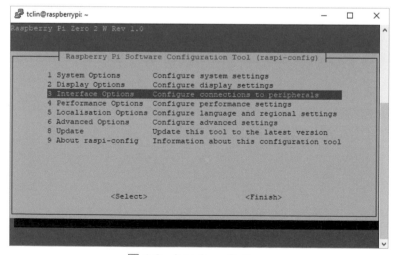

圖 1.9　Interface Options

■ 點擊啟用 VNC，可以利用 RealVNC 遠端連結，如圖 1.10

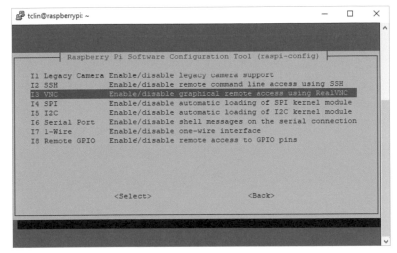

圖 1.10　啟用 VNC

■ 完成 VNC Server 啟用，如圖 1.11

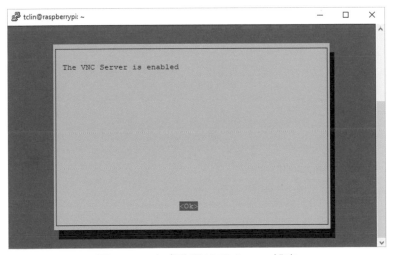

圖 1.11　完成啟用 VNC Server 設定

STEP 11　重新開機：

```
$ sudo reboot
```

📶 遠端連結

利用桌機或筆電與樹莓派遠端連結，可以進行程式撰寫或監控，VNC Viewer
是使用相當普遍的連結軟體。樹莓派已安裝 VNC 伺服器，前面已利用 PuTTY
啟用，桌機或筆電遠端連結則需 VNC Viewer 軟體，下載官網：https://www.
realvnc.com/en/connect/download/viewer/。

執行 VNC Viewer：File ＞ New connection

設定 VNC server，即樹莓派網址（本例 192.168.0.176），輸入名稱（連結名
稱），如圖 1.12。點擊「OK」，輸入使用者帳戶（樹莓派帳戶 pi）、密碼，出現如
圖 1.13 桌面。

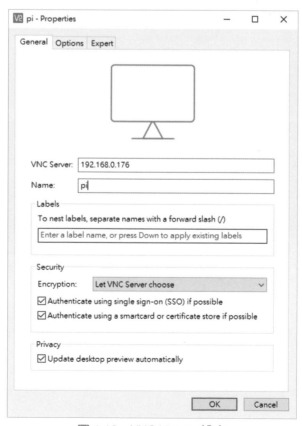

圖 1.12　VNC Viewer 設定

圖 1.13　樹莓派桌面

樹莓派資源豐富，應用程式更新相當頻繁，為了隨時掌握最新發展，開啟「終端機」執行軟體更新升級。

更新最新版發布的軟體清單

```
$ sudo apt update
```

根據更新軟體清單，進行軟體升級

```
$ sudo apt upgrade
```

另外，npm（Node Package Manager）是 Node.js 套件的管理工具，在使用 Node-RED 會用到，安裝指令

```
$ sudo apt install npm
```

本書會用到的程式

1.　軟體開發（**Programming**）：圖 1.14

　　(1) Thonny Python IDE：Python 程式開發整合環境，預設安裝，為本書主要撰寫 Python 程式工具。

(2) Node-RED：本書應用 Node-RED 撰寫物聯網應用程式，利用終端機安裝，指令為

```
$ bash <（curl -sL https://raw.githubusercontent.com/node-red/
linux-installers/master/deb/update-nodejs-and-nodered）
```

（參考資料：https://nodered.org/docs/getting-started/raspberrypi）。

註：Node-RED 3.0 版本不再支援 Node 12 版，須先完成 14 版的安裝，步驟

```
$ sudo apt install curl
$ curl -sL https://deb.nodesource.com/setup_14.x | sudo bash -
$ sudo apt install -y nodejs
```

（參考資料：https://computingforgeeks.com/install-node-js-14-on-ubuntu-debian-linux/）

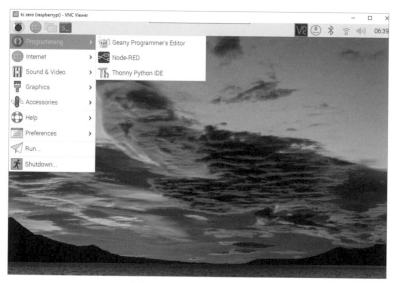

圖 1.14　開發軟體選單

2. 附屬應用程式（**Accessories**）：圖 1.15

   (1) 終端機（Terminal）：常用於軟體更新、下載、編輯檔案等。

   (2) 檔案管理員（File Manager）：相當於 PC Windows 的檔案總管。

圖 1.15 附屬應用程式選單

🛜 其他

1. 偏好設定（**Preferences**）：外觀設定（Appearance Settings）可以選不同桌面圖片，樹莓派配置（Raspberry Pi Configuration）設定系統介面，顯示器配置（Screen Configuration）設定桌面長寬比，推薦軟體（Recommended Software）安裝列名清單中的軟體，如圖 1.16。推薦 Programming 軟體中，Thonny 已安裝，若需安裝其他軟體，勾選軟體後點擊「Apply」，如圖 1.17。

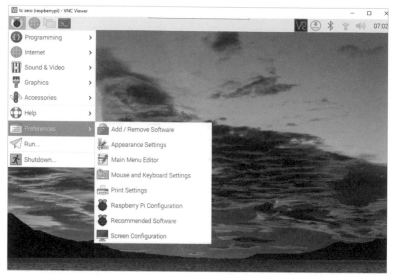

圖 1.16　偏好設定

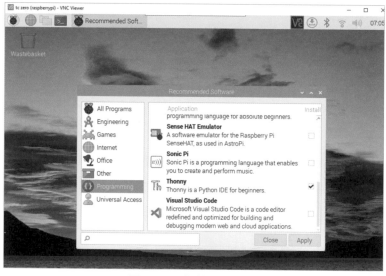

圖 1.17　推薦軟體清單

2.　關機（**Shutdown**）：3 個選項分別為「Shutdown」關機、「Reboot」重新啟動、「Logout」登出。請讀者循正常程序關機。

1.3 作業系統

作業系統的指令相當多,僅列出常用的指令。

1. **ls**:顯示目錄檔案

    (1) 顯示所有檔案,包括隱藏檔

    ```
    $ ls -a
    ```

    (2) 顯示所有檔案詳細資料

    ```
    $ ls -l
    ```

2. **cd**:改變工作目錄

    (1) 到根目錄

    ```
    $ cd /
    ```

    (2) 到使用者主目錄(/home/pi)

    ```
    $ cd ~
    ```

    (3) 到上一層目錄

    ```
    $ cd ..
    ```

    (4) 到同一層 Pictures 目錄

    ```
    $ cd ./Pictures
    ```

3. **pwd**:顯示工作目錄。

4. **mkdir**:新增目錄。

5. **rm**:刪除目錄、檔案。

6. **mv**:移動目錄、檔案,也可以重新命名。

7. **cp**:複製目錄、檔案;「-r」複製目錄以及所有檔案。

8. **nano**：文字編輯器。

9. **sudo**：具有超級使用者（root）的使用權限，擁有無限制的讀寫權限。

10. **df**：顯示 micro SD card 尚餘空間。

11. **shutdown**

    (1) 關機

```
$ sudo shutdown -h now
```

    -h now 表示即刻執行。

    (2) 重新開機

```
$ sudo reboot
```

1.4　外接 USB 網路攝影機

樹莓派有 4 個 USB 插槽，可以同時接上 4 部網路攝影機，相較於僅能使用 1 部 Pi 攝影機，有較大的擴展性，網路攝影機價格也較便宜。本書將以網路攝影機作為相關的應用。網路攝影機安裝步驟

- 將網路攝影機接上樹莓派 USB 插槽，至 /dev 目錄查看裝置是否被樹莓派識別出，攝影機名稱 video0、video1

- 安裝攝影程式 fswebcam

```
$ sudo apt install fswebcam
```

- 完成後，測試攝影功能

```
$ fswebcam test.jpg
```

利用「圖片檢視器」開啟 test.jpg

■ 調整解析度

```
$ fswebcam -r 640x480 test.jpg
```

■ 移除橫幅

```
$ fswebcam --no-banner test.jpg
```

1.5 樹莓派腳位

樹莓派外觀可明顯看到兩排共 40 支接腳，除 GND、3.3V、5V 腳位外，就是在後面章節會用到的 GPIO（General Purpose Input/Output）腳位。Python 程式設定樹莓派 GPIO 腳位，有 2 種編號方式

■ GPIO.BOARD

■ GPIO.BCM

GPIO.BOARD 為板子腳位排列物理編號，GPIO.BCM 為晶片內部編號（Broadcom SOC channel），對照如表 1.1（註：此為樹莓派 4 Model B 與 3 Model B+ 的腳位編號），兩者編號不同，不要混淆。26 個腳位可供數位輸出或輸入使用，均為 3.3V 腳位，不可輸入 5V 電壓，以免毀損板子，其中 9 個腳位有特定用途，如：I^2C、SPI、UART 介面使用，若腳位夠用，可以避免使用這些腳位，以免在啟用前述介面時出現腳位衝突。第 27、28 腳位保留作其他用途。樹莓派提供 2 個 5V 輸出腳位，2 個 3.3V 輸出腳位。樹莓派腳位相當容易造成混淆，可以藉助於如圖 1.18 樹莓派腳位 T 型轉接板，板上有註明 GPIO 編號與代號。本書除例題 **3.1** 採用 GPIO.BOARD 編號外，均採用 GPIO.BCM 編號，建議讀者使用 T 型或其他型轉接板，可以省掉確認腳位所花費的時間，也減少誤接發生的機率。

表 1.1　樹莓派 GPIO 腳位編號

GPIO.BOARD 編號		GPIO.BCM 編號	
1	2	3.3V	5V
3	4	2/SDA	5V
5	6	3/SCL	GND
7	8	4	14/TXD
9	10	GND	15/RXD
11	12	17	18
13	14	27	GND
15	16	22	23
17	18	3.3V	24
19	20	10/MOSI	GND
21	22	9/MISO	25
23	24	11/SCLK	8/CE0
25	26	GND	7/CE1
27	28	Reserved	Reserved
29	30	5	GND
31	32	6	12
33	34	13	GND
35	36	19	16
37	38	26	20
39	40	GND	21

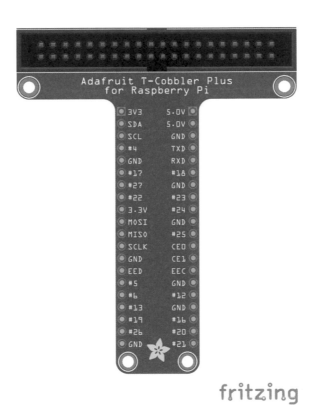

圖 1.18　樹莓派腳位 T 型轉接板

本 章 習 題

1.1　樹莓派的作業系統為何？

1.2　Thonny 軟體的用途為何？

1.3　試問樹莓派腳位 GPIO2、GPIO3、GPIO9、GPIO10 對應的物理編號為何？

1.4　試問樹莓派腳位 GPIO2、GPIO3 除了作通用數位輸入 / 輸出外，還有何種
　　　特殊用途？

02
CHAPTER

Python 介紹

Python 程式語言近幾年快速普及，它的特色包括：直譯式語言、免除宣告變數、利用縮排區分程式區塊（block）、資料處理功能強大的資料集（collection）等，以及相當多模組（註：模組為他人撰寫的程式）可利用，讓人耳目一新。本章整理 **19** 項 **Python** 語法，讀者熟悉後，可以輕鬆理解本書所有的 **Python** 程式。其他更多語法，請參考其他 Python 專書，或學習網站，Python 官網：https://www.python.org/。

Python 程式以 Text Editor 編輯後儲存，副檔名為 py，或利用 nano 編輯器編輯

```
$ nano welcome.py
```

鍵入一行程式

```
print('Welcome to RPi world!')
```

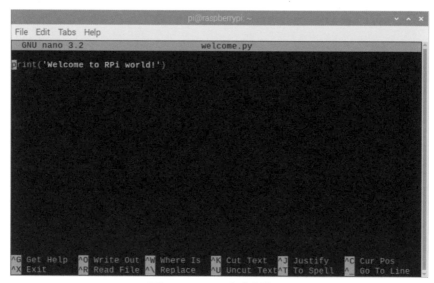

圖 2.1　nano 文字編輯器

編輯完成後，按 ctrl+x ＞ y，存檔、執行

```
$ python welcome.py
```

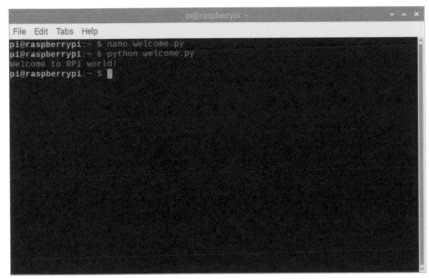

圖 2.2　終端機顯示畫面

主要撰寫程式的環境是 Thonny Python IDE：主選單 ＞ Programming ＞ Thonny Python IDE，介面如圖 2.3，上半部為編輯視窗，下半部為 Shell 視窗，可以看到 Python 的版本是 3.9.2（讀者可能安裝不同的版本），除了顯示執行結果外，也可以直接輸入、執行程式。將前一個程式輸入 Shell 視窗

```
>>> print('Welcome to RPi world!')
```

按「Enter」，結果顯示在隔行。

圖 2.3　Thonny Python IDE

當程式較複雜時，可以開啟新檔進行程式編輯，完成後儲存、執行。以前一個程式為例，檔案名稱為 welcome.py，點擊「Run」執行程式。

簡單來說，Python 語言有別於 C、C++、或 Visual Basic

- 它不須宣告變數資料型態

- 不需要以 { } 或對應關鍵詞，例如：For 與 Next、If 與 End If 等，來區隔程式區塊

- 使用「:」與內縮一定格數區隔程式區塊

- 每一行結束不需結束符號

- 變數名稱應反映它的特性，採取小寫、複合字以底線「_」連接的撰寫風格，如：sensor_pin

以下羅列 Python 語言重要觀念、以及使用相當頻繁的語法。

1. 免除宣告變數

依據指定值確定資料型態，例如：變數指定為整數值，它就是整數變數，指定為字串，它就是字串變數。

2. 顯示變數值

    Python 內建函式 print 顯示變數值

```
>>> a = 10
>>> b = 'hello'        # 單引號 ' ' 或雙引號 " " 都可以用來表示字串
>>> print(a)
>>> print(b)
```

3. 輸入資料

    Python 內建函式 input 輸入字串

```
>>> a = input('Please input your name')
>>> print('Your name is ' + a)
```

    「 + 」將複數個字串連接成長字串。

4. 資料型態轉換

    字串經資料型態轉換後，得到指定的資料型態，例如：a='123'，int(a) 即為
    整數 123。

    (1) int：整數字串轉換為幣數。

    (2) str：整數或浮點數轉換為字串。

    (3) float：浮點數字串轉換為浮點數。

    (4) bool：0 或非 0 轉換為布林代數值 False 或 True。

    (5) type：顯示變數資料型態。

```
>>> a = 10
>>> b = '234'
>>> print(a + int(b))
>>> f = '234.5'
>>> print(float(f)/5)
>>> c=1
>>> print(bool(c))
>>> type(c)
```

5. 字串格式化：string formatting

   資料與字串混合顯示，字串格式

   ```
   "{0}….{1}….{2}….".format(var0,var1,var2,…)
   ```

   利用字串中 {} 符號作為 format「引數替代元」，{0} 為第 1 個變數在字串的位置，{1} 為第 2 個，以此類推。例如

   ```
   >>> name='Tom'
   >>> money=2000
   >>> print("{0} has {1} dollars".format(name, money))
   Tom has 2000 dollars
   ```

   可以進一步設定輸出格式，例如：變數為浮點數，顯示小數點以下 2 位數

   ```
   >>> print("{0} *** {1:6.2f}".format(12, 3.14159))
   12 ***   3.14
   ```

   格式 {:6.2f}：寬度含小數點共 6 格。

   其他格式有整數 {:d}、科學記號 {:e} 等。

6. 條件陳述：if-elif-else

   elif 相當於 else if，條件判斷以「:」（冒號）區隔。

7. 比較運算

   (1) ==：等於。

   (2) !=：不等於。

   (3) >、>=：大於、大於或等於。

   (4) <、<=：小於、小於或等於。

例題 2.1

判斷輸入數值是否大於、等於、或小於 30。

範例程式

❶ int(input()) 將輸入字串轉為整數。

❷ 3 個判斷條件

◆ > 30

◆ == 30

◆ < 30

```
i = int(input())
if i > 30:
    print('Greater than 30')
elif i == 30:
    print('Equal 30')
else:
    print('Less that 30')
```

8. **for**：重複執行相同陳述，range(0,10) 起始值 0，終值 9（小於 10 的最大整數）；range(0,10,2) 起始值為 0，每次增加 2，終值為 8，以「:」區隔

```
>>> for k in range(0, 10):
>>>     for j in range(0, 10, 2):
>>>         print(k*j)
```

例題 2.2

連續產生 20.0 ～ 32.0 浮點數的隨機數模擬溫度變化，如果溫度超出 28°，顯示 "It's hot!"，溫度低於 24°，顯示 "It's cold!"，介於 24 ～ 28°，顯示 "It's comfortable!"，持續執行 20 次，每次間隔 1s。

範例程式

❶ 匯入 random 模組。

❷ 20 次 for 迴圈，每一迴圈產生 0 ~ 1.0 隨機數，乘以 12、加 20，可以獲得 20.0 ~ 32.0 的浮點數。

❸ if 語法判斷隨機數落入哪一區，顯示訊息。

```
import random
for i in range(0,20):
    temp = random.random()*12+20
    print("Temperature = {0:.1f}".format(temp))
    if temp > 28:
        print("It's hot!")
    elif temp < 24:
        print("It's cold!")
    else:
        print("It's comfortable")
```

9. **while**：重複執行相同陳述，不確定執行次數。以下所列 while 的陳述，只要 count 小於 100，程式將持續執行

```
>>> count = 0
>>> while count < 100 :
>>>     count += 1
>>>     print(count)
```

在 GPIO 數位輸入應用，可以利用 while 陳述，例如：程式暫停直到 GPIO 第 7 腳位由原本高準位變為低準位

```
while GPIO.input(7) == True :
    pass
```

或讓程式暫停直到腳位由原本低準位變為高準位

```
while GPIO.input(7) == False :
    pass
```

10. **Collection**

資料集（collection）有 4 種型態：list（清單）、tuple（元組）、set（集合）、
dictionary（字典），每個項目可以不同資料型態，這與陣列（array）不同。
資料集以

◆ 是否具有排序功能

◆ 可否索引

◆ 可否更改內容

加以區分，其中最明顯差異是 list 具排序功能、set 無索引、tuple 不可以更改
或新增項目內容。另外，list 與 tuple 允許項目重複。它們所提供的方法各有
異同，部分是重疊的

◆ clear：清除資料集所有項目，除 tuple 外，其餘皆適用

◆ count：計數資料集的特定資料，list 與 tuple 適用

◆ del：移除資料集，資料集不再存在，4 種皆可適用

◆ index：取得指定資料的索引值，list 與 tuple 適用

◆ len：資料集長度，4 種皆適用

◆ remove：刪除資料集的特定資料，list 與 set 適用

(1) list：以 [] 表示，例如：[1,2,3,4]，索引自 0 開始

   ❶ append：附加資料，採用佇列（queue）資料處理方式，新增資料附
     加在清單最末筆。

   ❷ insert：插入資料，第 1 引數索引，第 2 引數欲插入資料。

   ❸ pop：取出清單項目，預設是取出清單最末筆，亦可取出特定索引的
     資料，取出該筆資料的同時，它也會被清除掉。

   ❹ sort：排序，清單以遞增或遞減方式重新排列，遞增 reverse=False；
     遞減 reverse=True。項目的資料型態必須相同，才可以排序。

   ❺ reverse：清單項目反向列出。

練習

```
>>> list_tc = [123,'tclin', 56000.0,123]
>>> list_tc.append('may')
>>> list_tc.append('000')
>>> list_tc.remove(56000)
>>> list_tc.insert(2,'house')
>>> for k in list_tc:          # 將清單 L 每一項列出
>>>     print(k)
>>> print(list_tc.count(123))
>>> print(list_tc.pop(2))
>>> print(list_tc.index('tclin'))
>>> list_number=[1,3,1,7,10]
>>> list_number.sort(reverse=True)
>>> for k in list_number:
>>>     print(k)
```

(2) tuple：以 () 表示，例如：week=（ "Sunday", "Monday", "Tuesday", "Wednesday", "Thursday", "Friday", "Saturday" ），為唯讀資料集，不可以刪除或新增項目，但是可以將整個 tuple 刪除

```
>>> del week
```

(3) set ：以 {} 表示，如：{"Sunday",1,2,2019}，具備集合運算功能，例如：交集、聯集等

❶ add：新增資料。

❷ pop：隨機取出資料，取出的同時清除資料。

❸ union：與「引數集合」進行聯集運算。

❹ difference：差集，列出與「引數集合」相異的項目。

❺ difference_update：移除與「引數集合」相同的項目。

❻ intersection：與「引數集合」進行交集運算。

例題 2.3

集 合 A={"Lin","Chang","Wang","Chen","Kim"}、B={"Su","Huang","Yu","Lin","Wang"}，試以集合方法找出兩集合的聯集、差集（A-B）、交集。

範例程式

```
>>> A={"Lin","Chang","Wang","Chen","Kim"}
>>> B={"Su","Huang","Yu","Lin","Wang"}
>>> A.union(B)    # A 與 B 聯集
{'Lin', 'Kim', 'Huang', 'Chen', 'Su', 'Yu', 'Wang', 'Chang'}
>>> A.difference(B)   #A 與 B 差集
{"Chang","Chen","Kim"}
>>> A.intersection(B)   # A 與 B 交集
{"Lin","Wang"}
```

(4) dictionary：與集合一樣使用 { }，項目以「關鍵詞：值」（key:value）成雙呈現，項目間以「,」分隔，關鍵詞可以是字串或數目，以關鍵詞作為索引取值。此種資料型態可視為「JSON 資料格式」，是一種在網路間傳遞資料的標準格式，也應用在 Node-RED，這部分會在第 8 章說明

❶ update：附加 1 組資料。

❷ pop：移除特定關鍵詞的資料。

❸ popitem：移除 1 組資料。

❹ items：列出 dictionary 所有「關鍵詞：值」。

❺ keys：列出 dictionary 所有關鍵詞。

❻ values：列出 dictionary 所有值。

❼ get：取得關鍵詞對應值。

練習

```
>>> dic1 = {"name": "Wang", "age": 25}
>>> dic1.update({"phone": "123456"})
>>> dic1.pop("age")
```

```
>>> dic1.popitem()
>>> dic1.items()
>>> dic1.keys()
>>> dic1.values()
>>> dic1.get("phone")
```

11. 檔案管理

(1) open：2 個引數，分別為檔案名稱、檔案存取格式：寫入 'w'、唯讀 'r'。

(2) close：關閉檔案。

練習

```
>>> fd = open('test.txt','w')
>>> fd.write('Hello python')
>>> fd.close()
>>> fd = open('test.txt','r')
>>> print(fd.read())
Hello python
>>> fd.close()
```

12. ASCII 碼

chr 函式將 ASCII 碼轉為字元，例如：chr(97) 為 a；ord 函式將字元轉為 ASCII 碼，例如：ord('a') 為 97。

練習

```
>>> alphabet=''
>>> for k in range(0, 26):
>>>     alphabet = alphabet + chr(97+k)
>>> print(alphabet)
abcdefghijklmnopqrstuvwxyz
```

13. 邏輯運算

(1) and：「及」運算。

(2) or：「或」運算。

(3) not：「反相」運算。

例題 2.4

產生介於 0 ～ 50 隨機整數 a，b=24，c=30，a 與 b、c 比較，若 a 最大，顯示
a+" is the largest among 3 numbers"，a 最小，顯示 a+" is the smallest among
3 numbers "，介於中間，顯示 a+" is between other 2 numbers "。

範例程式

```
>>> import random   # 匯入 random 模組
>>> a = random.randint(0,50)   # 產生 0 ～ 50 隨機整數
>>> b = 24
>>> c = 30
>>> if (a>b) and (a>c):
        print("{0} is the largest among 3 numbers".format(a))
    elif (a>=b) or (a>=c):
        print("{0} is between other 2 numbers".format(a))
    else:
        print("{0} is the smallest among 3 numbers".format(a))
```

14. 註解：單行註解，以 # 開頭；多行註解，以 """（連 3 個雙引號或單引號）開
    頭，再以 """ 結束

    ```
    # one line comment
    """
    This is a block for comment
    """
    ```

例題 2.5

5 位同學姓名為 'Chen'、'Chang'、'Lin'、'Wang'、'Huang'，數學成績分別為
90、95、65、70、80。試以 list 儲存姓名與成績，由第一位開始，接著第二位，
以此類推；計算五位同學的數學平均分數，並列印每位同學姓名與成績。

範例程式

```
>>> score = ['Chen', 90, 'Chang', 95, 'Lin', 65, 'Wang', 70, 'Huang',
80]
>>> average = 0
>>> for i in range(0, 10, 2):
        average = average + score[i+1]
        print(score[i], score[i+1])
Chen 90
Chang 95
Lin 65
Wang 70
Huang 80
>>> print('Average = {0} '.format(average/5))
Average = 80.0
```

例題 2.6

以 dictionary 儲存學生姓名與成績，重作例題 2.5。

範例程式

❶ score 儲存學生姓名（key）、成績（value）。

❷ 藉 score.keys 取得所有關鍵詞，再逐一索引得到學生成績。

```
score = {'Chen':90, 'Chang':95, 'Lin':65, 'Wang':70, 'Huang':80}
average = 0
K = score.keys()
for i in K:
    average += score[i]
    print(i, score[i])
print('Average = {0} '.format(average/len(K)))
```

15. **functions**：以 def 定義函式，return 運算結果，提供其他程式呼叫使用，不需定義回傳資料的資料型態，與 C 語言不同。

16. **None**：此為一關鍵詞，定義為 null 值，它不是 0、False、或空字串，可用於函式回傳值，資料型態為 NoneType。

例題 2.7

試撰寫計算階層值函式

- 計算 5!
- 若輸入負值，回傳 None

範例程式

```
>>> def factorial(n):
        if n < 0:
            return None
        fac = 1
        for k in range(1, n+1):
            fac = fac*k
        return fac
>>> print(factorial(5))
120
>>> print(factorial(-5))
None
>>> if factorial(-5) == None:
        print('Not positive number')
Not positive number
```

17. **class**：「類別」用於建立物件，是一個可擴充程式碼的模板（an extensible program-code-template for creating objects）（https://en.wikipedia.org/wiki/Class_（computer_programming）），它是物件導向程式語言（object-oriented programming language）的重要概念，「物件」（object）為類別的「實例」（instance）。先定義「父類別」（base class），再基於「父類別」定

義「子類別」（derived class），「子類別」繼承「父類別」的屬性與方法，「子類別」可以新增屬性與方法，也可以覆蓋繼承來的方法。透過類別的建立，可以讓程式重複被利用，或新增其他的功能。

舉例說明，定義「父類別」Property 為個人財產的類別，2 個屬性分別為 __name、__value，2 個方法為 __init__、get_name，開頭 __（2 個底線）表示私有屬性或方法，只能透過所屬的方法取得屬性

◆ __name：財產名稱

◆ __value：財產總值

◆ __init__：物件實例初始化函式

◆ get_name：取得物件名稱

「子類別」：House、Deposit、Stock，分別為房產、存款、與股票，在 __init__ 方法裡以 super().__init__ 呼叫「父類別」方法，也新增一些屬性。可以依據需求衍生出更多、更實用的類別，這種讓「子類別」沿用「父類別」的方法，毋須重複撰寫相同功能的陳述，大大增加程式的再利用性。類別名稱開頭字母大寫。

```python
class Property():
    def __init__(self, name, value):
        self.__name = name
        self.__value = value
    def get_name(self):
        return self.__name
    def get_value(self):
        return self.__value

class House(Property):
    def __init__(self, name, value, owner_name, address):
        super().__init__(name, value)
        self.owner_name = owner_name
        self.address = address
```

```
class Deposit(Property):
    def __init__(self, name, value, account):
        super().__init__(name, value)
        self.account = account

class Stock(Property):
    def __init__(self, name, amount, price):
        value = amount*price
        super().__init__(name, value)
```

例題 2.8

試運用 House、Deposit、Stock 類別建立 tc、money、top50 物件。tc 的屬性包括財產名稱 'apartment'、總價 5600000、所有人 'tclin'、住址 'taichung'；money 的屬性包括財產名稱 'money'、總價 100000、存款銀行 'taiwan_bank'；top50 的屬性包括股票名稱 'tpower'、張數 5、每張股價 20000。建立 3 個物件完成後，顯示物件名稱與現值。

範例程式

```
class Property:
.....
class House(Property):
.....
class Deposit(Property):
.....
class Stock(Property):
.....
tc = House('apartment', 5600000, 'tclin','taichung')
money = Deposit('money', 100000, 'taiwan_bank')
top50 = Stock('tpower', 5, 20000)
total = [tc, money, top50]
for i in total:
    print("Property name:{0}, value:{1}".format(i.get_name(),
i.get_value()))
```

儲存程式，檔案名稱為 ex2_8.py，執行程式

```
$ python ex2_8.py
```

```
Property name:apartment, value:5600000
Property name:money, value:100000
Property name:tpower, value:100000
```

18. 模組

(1) Python 模組：僅列出本書用到的模組

❶ RPi.GPIO：樹莓派 GPIO 模組，匯入模組

```
>>> import RPi.GPIO as GPIO
```

➤ GPIO.setmode(pinPattern)：設定 pinPattern 腳位編號方式有 GPIO.BOARD、GPIO.BCM。BOARD 與 BCM，詳閱第 1 章

➤ GPIO.setup(pin, mode)：設定 pin 腳位模式，mode 模式有 GPIO. IN、GPIO.OUT

➤ GPIO.input(pin)：讀取 pin 腳位狀態 True 或 False、1 或 0、HIGH 或 LOW，它們的意義都相同，讀者可任意選用一種表達方式

➤ GPIO.output(pin, status)：設定 pin 腳位準位 True 或 False

➤ GPIO.PWM(pin, Hz)：設定 pin 腳位 PWM 輸出，Hz 頻率

```
>>> servo = GPIO.PWM(33, 50)
```

➤ servo.ChangeDutyCycle(duty_cycle)：改變 PWM 訊號占空比 duty_cycle

➤ servo.ChangeFrequency：改變 PWM 頻率

➤ servo.start(duty_cycle)：設定伺服馬達 PWM 訊號占空比 duty_cycle，馬達開始轉動

➤ servo.stop()：伺服馬達停止轉動

> GPIO.cleanup()：清除所有使用過的腳位，全部設為輸入模式，這樣處理方式可以保護樹莓派。未經過 cleanup 處理，若某腳位為輸出模式，在程式結束時為高準位，萬一不慎接到 GND，造成短路，可能會使樹莓派毀損（參考資料：https://raspi.tv/2013/rpi-gpio-basics-3-how-to-exil-gpio-programs-cleanly-avoid-warnings-and-protect-your-pi）

❷ time：系統時間與時間停滯模組

```
>>> import time
```

> time.sleep(s)：停滯 s 秒，s 為浮點數，例如：time.sleep(0.05) 停滯 50ms

> time.time()：回傳自 1970 年 1 月 1 日零時迄此刻所經歷的總秒數，為浮點數

> time.asctime()：回傳年、月、日、星期幾

> time.localtime()：回傳完整時間資料，其中 tm_year 為西元年，tm_mon 為月份，tm_ mday 為日數，tm_hour 為時，tm_min 為分，tm_sec 為秒，tm_wday 為一星期的第幾天，tm_yday 為該年第幾天，tm_isdst 為日光節約調整時數

❸ random：產生 0 ～ 1 或任兩數之間的隨機浮點數或隨機整數

```
>>> import random
```

> random.random()：產生隨機浮點數

> random.randint(start_no, end_no)：產生 start_no 與 end_no 之間隨機整數，包含 start_no 或 end_no

> random.uniform(start_no, end_no)：產生 start_no 與 end_no 之間隨機浮點數

❹ os：作業系統指令模組

```
>>> import os
```

os.system(str_dir)：執行系統指令字串 str_dir

> ➤ 新增目錄

```
>>> str_dir = "mkdir new_dir"
>>> os.system(str_dir)
```

> ➤ 網路攝影機拍照

```
>>> snapshot = "fswebcam image.jpg"
>>> os.system(snapshot)
```

> ➤ 顯示工作目錄，包括隱藏檔

```
>>> os.system("ls -a")
```

(2) 自訂模組

將類別獨立儲存，作為模組使用，例如：前述之財產類別（Property）；在程式起頭匯入模組，建立物件，並進行各式運算。Python 網路資源相當豐富，針對各種應用，許多人將完成的模組放在網路上讓大家分享，本書將指引讀者如何取得適用的模組。讀者不必認為所有程式都得是自己寫的，可以先蒐尋相關資訊，直接引用他人模組，加速學習成效，等技藝練成再將自己的成果分享給大家。

將前面定義的 Property、House、Deposit、Stock 等類別儲存成模組，檔案名稱為 property.py。

例題 2.9

根據例題 2.8，試撰寫計算財產總值的程式。

範例程式

程式第 1 行匯入 property 模組，property 模組放在同一個目錄。

```
from property import *
tc = House('apartment', 5600000, 'tclin','taichung')
money = Deposit('money', 100000, 'taiwan_bank')
top50 = Stock('tpower', 5, 20000)
```

```
total = [tc, money, top50]
sum_up = 0
for i in total:
    sum_up = sum_up + i.get_value()
print(sum_up)
```

19. 程式架構

while 1：無窮迴圈，按 ctrl + c 跳出迴圈到 except KeyboardInterrupt，最後 finally，進入尾聲。

```
try:
    while 1:
        # 主要執行區塊
except KeyboardInterrupt:
    # 當 ctrl + c 中止程式
finally:
    # 離開前最後處理陳述
```

例題 2.10

每間隔 100ms 產生 1 個隨機數，按 ctrl+c 後停止執行程式，顯示 "Exit!"、"Bye!"。

範例程式

匯入 sleep、random 模組。

```
from time import sleep
import random
try:
    while 1:
        print(random.random())
        sleep(0.1)
except KeyboardInterrupt:
    print("Exit!")
finally:
    print("Bye!")
```

2.1　BMI（Body Mass Index）值，BMI= $\dfrac{\text{體重 (kg)}}{\text{身高 (m)}^2}$ 標準 BMI 值是 18.5 ～ 25.0，低於 18.5 為過輕（underweight），25.0 ～ 30.0 為過重（overweight），高於 30.0 為肥胖（obese）。試撰寫程式計算 BMI 值，並顯示體重狀態。

2.2　氣象局針對降雨量分級定義：大雨（heavy rain）80mm/24hr 或 40mm/1hr、豪雨（torrential rain class 1）200mm/24hr 或 100mm/3hr、大豪雨（torrential rain class 2）350mm/24hr、超大豪雨（super torrential rain）500mm/24hr。試設計一程式，輸入降雨量，判定級數。

2.3　班上 5 位學生，姓名分別為 'wang', 'lin', 'huang', 'chang', 'wu'，修習科目：國文、英文、數學、化學。試以隨機方式產生每位學生各科成績，國文、英文成績分布範圍 50 ～ 90；數學、化學分布範圍 60 ～ 95。試以 list 儲存學生姓名、dictionary 儲存各科成績，計算並列出各科平均分數。

2.4　台北市計程車車資計算公式（早上 6 時至晚上 11 時）：起程 70 元（1.25 公里）、續程 5 元（每 200 公尺）。試設計一程式，輸入公里數，計算車資。

2.5　以程式顯示目前時間 HH-MM-SS，HH：時、MM：分、SS：秒，每 1s 顯示一次。

2.6　試利用以下所附的 Shape 類別（父類別）衍生 Circle 類別，以半徑建立 Circle 物件，並提供計算圓面積方法，例如：半徑為 2.0，物件 circle1 = Circle（2.0），面積 area = circle1.get_area()。

```
import math
class Shape():
    def __init__(self, side, points):
        __side = side
        __points = points
        if side == 0:
            self.__name = 'circle'
            self.__radius = points
        elif side == 3:
```

```
                self.__name = 'triangle'
        elif side == 4:
                self.__name = 'quadrilateral'
        else:
                self.__name = 'polygon'
    def get_name(self):
        return self.__name
    def get_side(self):
        return self.__side
    def get_radius(self):
        return self.__radius
```

MEMO

03
CHAPTER

樹莓派 GPIO

讀者練習每個例題，完成電路布置，啟動樹莓派前，請再次確認所有接線，以防接錯造成板子毀損。註：本書所載圖片的腳位與讀者電子元件或有差異，請查規格書確認。

3.1　LED 控制

LED 控制是進入樹莓派 GPIO 試驗的敲門磚，只需 LED、330Ω 限流電阻、麵包板、跳線。註：從本章至第 11 章都會用到麵包板、跳線。

例題 3.1

利用樹莓派控制 LED，讓它亮 0.5s、暗 0.5s，執行 20 次。

電路布置

樹莓派 BOARD 編號第 12 腳位，相當於 BCM 編號 GPIO18，接 330Ω 限流電阻、LED、GND，電路如圖 3.1。兩種編號對照請參考表 1.1。

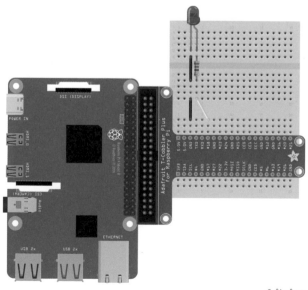

fritzing

圖 3.1　LED 控制電路

範例程式

實作兩個程式,匯入 RPi.GPIO 與 sleep 模組。

程式 1(BCM 編號)

❶ 採用 GPIO.BCM 編號方式。

❷ GPIO18 腳位設為輸出模式。

```
import RPi.GPIO as GPIO
from time import sleep
gpio_pin = 18
GPIO.setmode(GPIO.BCM)
GPIO.setup(gpio_pin, GPIO.OUT)
for i in range(0,20):
    GPIO.output(gpio_pin, True)
    sleep(0.5)
    GPIO.output(gpio_pin, False)
    sleep(0.5)
GPIO.cleanup()
```

程式 2(BOARD 編號)

❶ 採用 GPIO. BOARD 編號方式。

❷ 第 12 腳位設為輸出模式。

```
import RPi.GPIO as GPIO
from time import sleep
board_pin = 12
GPIO.setmode(GPIO.BOARD)
GPIO.setup(board_pin, GPIO.OUT)
for i in range(0,20):
    GPIO.output(board_pin, True)
    sleep(0.5)
    GPIO.output(board_pin, False)
    sleep(0.5)
GPIO.cleanup()
```

※ 為避免接線困擾,之後程式的腳位均使用 BCM 編號。

3.2 基本數位輸入

📶 訊號讀取原理

樹莓派讀取數位訊號，1 表示 3.3V 電壓，0 表示 0V。在數位輸入電路，會使用提升電阻或下降電阻，其原理可由「電壓分配定律」解釋。圖 3.2 設按壓開關與電阻器 R_1（提升電阻 pull-up resistor，例如：10kΩ），按下開關時電路導通，相當於 $R_2=0$，根據電壓分配定律公式

$$V_{out} = \frac{R_2}{R_1+R_2} V_r \tag{3.1}$$

$V_{out}=0$，數位訊號為 0；未按開關時電路斷開，$R_2=\infty$，$V_{out}=V_r$，數位訊號為 1。樹莓派 GPIO 數位輸入腳位設有內部提升電阻，設定：**GPIO.setup（pin, GPIO.IN, pull_up_down=GPIO.PUD_UP）**。

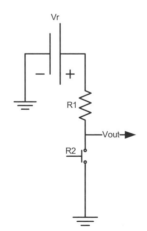

圖 3.2　提升電阻與按壓開關

若將圖中電阻器 R_1 換成按壓開關，R_2 為下降電阻（pull-down resistor），按下開關時電路導通，$V_{out}=V_r$；未按開關時電路斷開，$R_1=\infty$，$V_{out}=0$。

※ 務必使用 3.3V 電壓。

例題 **3.2**

利用樹莓派控制 LED，按下按壓開關，改變 LED 原來狀態，原本暗變亮，亮變暗。按 ctrl+c 後停止執行程式，顯示 "Exit!"。註：使用內部提升電阻。

電路布置

LED 接 GPIO18、330Ω、GND，按壓開關一側接 GPIO23，另一側接 GND，電路如圖 3.3。

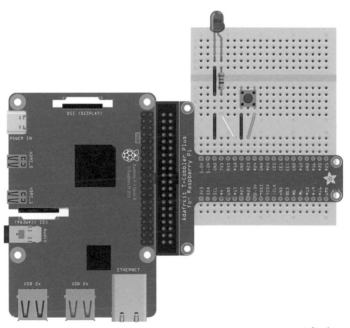

fritzing

圖 3.3　LED 控制電路

範例程式

❶　機械式按壓開關，按下開關時，會出現彈跳現象（bouncing），反覆在通路與斷路之間快速切換，出現幾次後，才會穩定。這種現象可以利用計數的方式來確定是否按下開關，狀態改變後開始計數，必須維持同一狀態的計數值 debounce 超過門檻值 max_debounce 後，才確定按下開關，門檻值為 500。

❷ 利用 pre_status 變數記錄前一次 LED 狀態，每按 1 次開關，改變原來狀態。

```
import RPi.GPIO as GPIO
from time import sleep
led_pin = 18
button_pin = 23
GPIO.setmode(GPIO.BCM)
GPIO.setup(led_pin, GPIO.OUT)
GPIO.setup(button_pin, GPIO.IN, pull_up_down=GPIO.PUD_UP)
pre_status = False
debounce = 0
max_debounce = 500
try:
    while True:
        if GPIO.input(button_pin) == 0:
            if debounce > max_debounce:
                GPIO.output(led_pin, not pre_status)
                pre_status = not pre_status
                debounce = 0
                while GPIO.input(button_pin) == 0:
                    pass
            else:
                debounce += 1
except KeyboardInterrupt:
    print("Exit!")
finally:
    GPIO.cleanup()
```

📶 被動式紅外線感測器

被動式紅外線感測器（Passive Infrared sensor；PIR sensor），它是一種熱釋電感測器（Pyroelectric detector）模組，在安全監視系統或公共區域照明控制可以看到它的蹤影，讀者應該有在夜晚走到暗處時電燈自動開啟的經驗。PIR感測器，外觀為半球狀塑膠外殼覆蓋在電路板上，這半球狀外殼為菲涅爾透鏡（Fresnel lens），它會收集環境裡的紅外線輻射波，將輻射引進、測出總量。它的作用原理是當背景紅外線分布狀態改變，例如：人員進入感測範圍，經比較連續前後差異超過設定值時輸出觸發訊號

- 正常狀態（維持原背景），輸出低準位
- 背景變動，輸出高準位

所以 PIR 感測器可用在偵測人物的移動。由於 PIR 感測器並未發射任何紅外線訊號，它只是感測紅外線，所以冠上被動式的名稱。（參考資料：https://www.meccanismocomplesso.org/cn/pir-motion-detector-a-sensor-for-arduino-and-raspberry-pi-1st-part/；https://en.wikipedia.org/wiki/Passive_infrared_sensor）

PIR 感測器，3 支接腳，VCC 接 5V，GND 接地，OUT 輸出訊號（HIGH：3.3V，LOW：0V）。

例題 3.3

利用樹莓派控制網路攝影機拍攝照片，當有物體進入 PIR 感測器感測範圍時，拍下照片，並以日期、時間作為檔案名稱。

電路布置

網路攝影機接上樹莓派 USB 插槽，PIR 感測器訊號輸出接 GPIO23，電路如圖3.4。

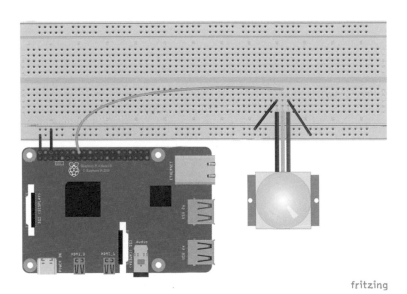

圖 3.4　PIR 感測器電路

範例程式

❶ 匯入 RPi.GPIO、time、os 模組。

❷ 利用 os.system 執行拍攝指令 fswebcam，後面接檔案名稱。

❸ file_name：產生以日期、時間組成的檔案名稱，副檔名 jpg

　◆ time.localtime 取得日期時間

　◆ ti_1 為月、日、時、分、秒字串清單（list）

　◆ join 串接 ti_1 所有字串

❹ 當物體停在 PIR 感測器感測範圍未立即離開，持續讀到高準位，為了避免連續拍攝，程式會暫停直到腳位變為低準位，才會繼續後面既定動作。利用布林變數 do_press，確定 PIR 感測器觸發訊號後，執行拍攝指令。

```python
import RPi.GPIO as GPIO
import time
import os
def file_name():
    ti = time.localtime()
    ti_1 = [str(ti.tm_mon), str(ti.tm_mday), str(ti.tm_hour)]
    ti_1.append(str(ti.tm_min))
    ti_1.append(str(ti.tm_sec))
    f_name = ''
    f_name = f_name.join(ti_1)
    return f_name + ".jpg"


pir_pin = 23
debounce = 0
max_debounce = 500
GPIO.setmode(GPIO.BCM)
GPIO.setup(pir_pin, GPIO.IN, pull_up_down=GPIO.PUD_UP)
do_press = False

try:
    while True:
```

```
        if GPIO.input(pir_pin) == 1:
            if debounce > max_debounce:
                debounce = 0
                do_press = True
                while GPIO.input(pir_pin) == 1:
                    pass
            else:
                debounce += 1
        if do_press == True:
            f_name = file_name()
            snapshot = "fswebcam " + f_name
            os.system(snapshot)
            time.sleep(5)
            do_press = False
except KeyboardInterrupt:
    print("Exit!")
finally:
    GPIO.cleanup()
```

執行結果

如圖 3.5，列出最近拍攝的照片為 8320240.jpg。

```
Shell
Python 3.7.3 (/usr/bin/python3)
>>> %Run ex3_3.py
 --- Opening /dev/video0...
 Trying source module v4l2...
 /dev/video0 opened.
 No input was specified, using the first.
 Adjusting resolution from 384x288 to 352x288.
 --- Capturing frame...
 Captured frame in 0.00 seconds.
 --- Processing captured image...
 Writing JPEG image to '83202351.jpg'.
 --- Opening /dev/video0...
 Trying source module v4l2...
 /dev/video0 opened.
 No input was specified, using the first.
 Adjusting resolution from 384x288 to 352x288.
 --- Capturing frame...
 Captured frame in 0.00 seconds.
 --- Processing captured image...
 Writing JPEG image to '8320240.jpg'.
```

圖 3.5　Thonny Python IDE Shell：拍攝照片

3.3　超音波測距模組

超音波測距模組 HC-SR04P（高準位 3.3V，另一型 HC-SR04 為 5V）在距離量測、機器人避障等有相當多的應用，由超音波發射器與接收器組成，4 支接腳分別為 Vcc、Trig、Echo、GND，Vcc 接 3.3V，Trig 觸發訊號，Echo 輸出訊號，GND 接地。根據使用說明，先輸入 3.3V 至 Trig，維持 10us，觸發模組，Echo 高準位，待接收器接收到音波觸及待測物的回波，Echo 隨即轉為低準位，Echo 維持在高準位所占的時間乘上音速，即為 2 倍距離，測距間隔至少 60ms。在氣溫 15℃，音速為 340 m/s。

註：若使用 HC-SR04，輸出高準位訊號是 5V，應降至 3.3V；根據分壓定律公式（3.1），使用 R_1=1kΩ、R_2=2kΩ，可以獲得 3.3V 輸出電壓。

例題 3.4

利用 HC-SR04P 製作距離量測裝置，並顯示所測得的距離，距離單位為 cm。

電路布置

GPIO23 接 Trig，GPIO24 接 Echo，GPIO12 接按壓開關，使用內部提升電阻，GPIO21 接 LED、330Ω、GND，電路如圖 3.6。

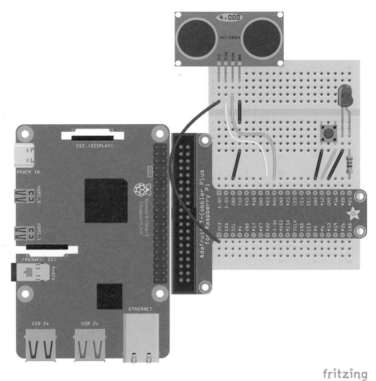

fritzing

圖 3.6　HC-SR04P 超音波感測模組電路

範例程式

❶　匯入 RPi.GPIO、time 模組。

❷　音速設為 340m/s，操作 HC-SR04P 步驟

　　◆　輸出低準位至 Trig，維持 2ms

　　◆　輸出高準位至 Trig，維持 10μs

　　◆　輸出低準位至 Trig

　　◆　捕獲 Echo 高準位，記下時間

　　◆　捕獲 Echo 低準位，記下時間

　　◆　歷經時間（elapsed_time）乘以音速，除以 2，乘以 100

❸ 按下按壓開關，開始量測，LED 亮，鬆手，LED 暗。

```python
import RPi.GPIO as GPIO
import time
GPIO.setmode(GPIO.BCM)
trig_pin = 23
echo_pin = 24
button_pin = 12
led_pin = 21
debounce = 0
max_debounce = 500
sound_speed = 340.  # Based on 15 degrees of Celsius
GPIO.setup(trig_pin, GPIO.OUT)
GPIO.setup(led_pin, GPIO.OUT)
GPIO.setup(echo_pin, GPIO.IN)
GPIO.setup(button_pin, GPIO.IN, pull_up_down=GPIO.PUD_UP)

try:
    while True:
        if GPIO.input(button_pin) == 0:
            if debounce > max_debounce:
                GPIO.output(led_pin, True)
                debounce = 0
                GPIO.output(trig_pin, False)
                time.sleep(0.002)
                GPIO.output(trig_pin, True)
                time.sleep(0.00001)
                GPIO.output(trig_pin, False)
                while GPIO.input(echo_pin) == 0:
                    pass
                elapsed_time = time.time()
                while GPIO.input(echo_pin) == 1:
                    pass
                elapsed_time = time.time() - elapsed_time
                distance = elapsed_time * sound_speed / 2. * 100
                print("Distance = {0:.2f} cm".format(distance))
                while GPIO.input(button_pin) == 0:
                    pass
                GPIO.output(led_pin, False)
            else:
                debounce += 1
except KeyboardInterrupt:
    print("Exit!")
finally:
    GPIO.cleanup()
```

3.4 溫濕度感測模組

溫濕度是許多應用的控制依據,例如:室內空調、溫室環控等。其中,溫濕度感測模組產品型號 DHT11 是使用相當普遍的模組,濕度量測範圍 20 ~ 90%,精度 ±5%,溫度 0 ~ 50℃,精度 ±2℃,工作電壓 3 ~ 5.5V。另一個溫濕度感測模組產品型號 DHT22,濕度量測範圍 0 ~ 100%,精度 ±2%,溫度 -40 ~ 80℃,精度 ±0.5℃,工作電壓 3.3 ~ 6V,性能優於 DHT11。

使用 DHT11 或 DHT22 溫濕度感測模組,需匯入 CircuitPython-DHT 模組(https://learn.adafruit.com/dht-humidity-sensing-on-raspberry-pi-with-gdocs-logging/python-setup),除 CircuitPython-DHT 模組外,腳位設定須 libgpiod2 模組。利用 pip3(the Package Installer for Python3)安裝模組

```
$ sudo apt update
$ sudo apt install python3-pip
$ sudo pip3 install adafruit-circuitpython-dht
$ sudo apt install libgpiod2
```

1. 匯入模組

    (1) 感測器模組模組:import adafruit_dht。

    (2) 腳位模組:import board。

2. 建立 **adafruit_dht** 物件:第 1 個引數為腳位,第 2 為關鍵詞引數 use_pulseio=False,其中腳位需使用 board 模組設定。

    (1) DHT11:例如 dht = adafruit_dht.DHT11(board.D18, use_pulseio=False)。

    (2) DHT22:例如 dht =adafruit_dht.DHT22(board.D18, use_pulseio=False)。

3. 讀取溫濕度屬性

    (1) 溫度值:例如 dht.temperature。

    (2) 濕度值:例如 dht.humidity。

需間隔 2s 以上取得溫濕度值。

例題 3.5

DHT22 溫濕度感測模組，每間隔 10s 讀取量測值，顯示日期、時間、溫度
（℃）、與相對濕度（%）。

電路布置

DHT22 溫濕度感測模組電路如圖 3.7，圖示 DHT11 有 4 支腳，請忽略中間 1
支，最左側接 3.3V，最右側接 GND，另一支訊號輸出接 GPIO18。根據 DHT 感
測器規格書建議使用外部提升電阻，但本例題未使用外部提升電阻，訊號亦能正
常傳送。

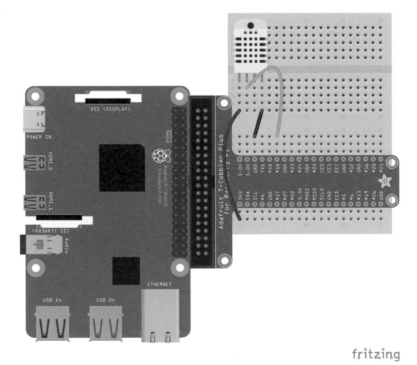

fritzing

圖 3.7　DHT11 溫濕度感測模組電路

範例程式

❶ 匯入 time、adafruit_dht、board 模組。

❷ 建 立 adafruit_dht.DHT22 物 件：dht=adafruit_dht.DHT22(board.D18, use_pulseio=False)，dht.temperature 為溫度值、dht.humidity 為濕度值；若出現 RuntimeError，延遲 2s 後再讀取溫濕度值。

```
import time
import adafruit_dht
import board
dht = adafruit_dht.DHT22(board.D18, use_pulseio=False)
count = 0
print('Temperature and humidity are measuring...')
while True:
    try:
        print(time.asctime())
        temp = dht.temperature
        humi = dht.humidity
        print('Temperature={0:0.1f}C Humidity={1:0.1f}%'.
format(temp, humi))
        time.sleep(10.0)
    except RuntimeError:
        time.sleep(2.0)
        continue
    except KeyboardInterrupt:
        print("Exit!")
```

執行結果

如圖 3.8，首次在時間 21:22:48 順利取得讀值，間隔 10s，在 21:22:58 未成功取得讀值，延遲 2s 後 21:23:00 才取得讀值。

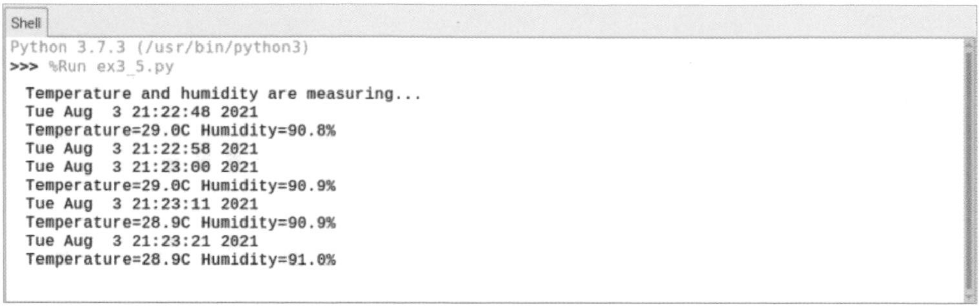

```
Shell
Python 3.7.3 (/usr/bin/python3)
>>> %Run ex3_5.py

  Temperature and humidity are measuring...
  Tue Aug  3 21:22:48 2021
  Temperature=29.0C Humidity=90.8%
  Tue Aug  3 21:22:58 2021
  Tue Aug  3 21:23:00 2021
  Temperature=29.0C Humidity=90.9%
  Tue Aug  3 21:23:11 2021
  Temperature=28.9C Humidity=90.9%
  Tue Aug  3 21:23:21 2021
  Temperature=28.9C Humidity=91.0%
```

圖 3.8　溫濕度量測結果

3.5　步進馬達控制

型號 28BYJ-48-5V 步進馬達，單極式、四相、5V、內部設減速機構，網路上有相當多應用可以參考。它的基本構造由永久磁場的轉子、以及設有多組線圈產生磁場的定子所組成，轉子圓周等分 16 格 N、S 極相隔，定子有 A、B、C、D 四相，每相 8 個凸齒，共 32 齒。作用原理

- A 相或 B 相激磁，產生 N 極磁性，轉子 S 極接近定子 N 極磁性凸齒的將被吸引

- C 相或 D 相激磁，產生 S 極磁性，轉子 N 極接近定子 S 極磁性凸齒的將被吸引

- 相同磁性互斥

利用不同相激磁，使轉子轉動一定角度為步進馬達作用的基本原理。1 相激磁（依序 A、B、C、D 相）或 2 相激磁（依序 A 與 B、B 與 C、C 與 D 等），每一脈波產生轉動角度為步級角，由轉子 N 極數、定子相數與激磁方式決定

$$步級角 = \frac{360}{N\,極數} \times \frac{1}{相數} \qquad\qquad (3.2)$$

如果轉子有 3 個 N 極，4 相，可算出步級角等於 30°。若採用 1-2 相激磁，將 1 相與 2 相夾雜在一起，即依序 A、A 與 B、B、B 與 C…，步級角為 1 相或 2 相的一半

$$步級角 = \frac{180}{N 極數} \times \frac{1}{相數} \tag{3.3}$$

28BYJ-48-5V 步進馬達，轉子有 8 個 N 極，1-2 相激磁，步級角 $= \frac{180}{8} \times \frac{1}{4}$ =5.625°，配合內部 64 減速比減速機構，可以達到 $\frac{5.625}{64} = 0.0879°$ 的定位精度。

1-2 相激磁驅動步進馬達，完整的激磁順序：A 相、A 與 B 相、B 相、B 與 C 相、C 相、C 與 D 相、D 相、D 與 A 相等 8 個時序，圖 3.9 顯示 2 個循環，其中 S 為時序，各欄位：1 表示激磁、空格表示失磁。

A	1	1						1	1	1						1
B		1	1	1						1	1	1				
C				1	1	1						1	1	1		
D						1	1	1						1	1	1
S	0	1	2	3	4	5	6	7	0	1	2	3	4	5	6	7

圖 3.9　各相激磁時序

利用 4 個數位輸出控制步進馬達，需裝設達林頓電晶體陣列積體電路 ULN2003A，以驅動步進馬達。

例題 3.6

按下按壓開關產生 3 個 0 至 35 隨機整數，28BYJ-48-5V 步進馬達旋轉角度為隨機整數乘 10 加 5°，LED 亮，步進馬達開始依序旋轉，在各角度停留 5s 轉回 0°，3 個角度轉完畢，LED 暗，顯示 3 個隨機整數。

電路布置

28BYJ-48-5V 步進馬達有 5 條電線，紅色線接 5V，橘色線 A 相，黃色線 B 相，粉紅色線 C 相，藍色線 D 相（電線顏色請查規格書確認），分別接 ULN2003A 第 16、15、14、13 腳位（DIP 型式，半圓缺口朝左，上下兩排共有 16 支腳，下排由左開始編號：1 ～ 8，上排由右開始編號：9 ～ 16），ULN2003A 第 1、2、3、4 分別接樹莓派 GPIO18、GPIO23、GPIO24、GPIO25，第 8 腳位接 GND，第 9 腳為接 5V，樹莓派 GPIO12 接按壓開關，GPIO16 接 330Ω、LED、GND，電路如圖 3.10。

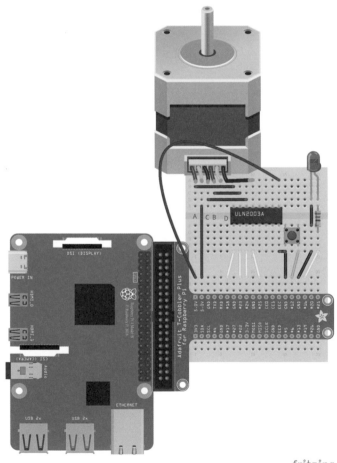

圖 3.10 步進馬達控制電路

範例程式

❶ 匯入 RPi.GPIO、sleep、random 模組。

❷ 使用 1-2 相激磁，步級角 step_angle 等於 0.0879，變數 speed 為每一時序暫停時間，設為 0.001s。

❸ rotation：第 1 個引數 direction 為旋轉方向，第 2 個引數 angle 為旋轉角度。dir=True 時，逆時針旋轉；dir=False 時，順時針旋轉。angle 除以 step_angle 為脈波總數。

❹ stepping：第 1 個引數 direction 為旋轉方向，第 2 個引數 steps 為脈波數。steps 除以 8 的餘數為激磁時序，變數 phase 為各時序中各相的準位，例如：dir=False 時，順時針旋轉，若餘數為 0 表示在第 0 時序，A、B、C、D 相的準位分別為 1、0、0、0。脈波數遞減，等於 0 時到達目標角度。

```python
import RPi.GPIO as GPIO
from time import sleep
import random
stop_angle = 0.0879   # stepping angle of 20DYJ 40 stepping motor
speed = 0.001
CW = False
CCW = True
# Pin number for phase A, B, C, D
phaseA_pin = 18
phaseB_pin = 23
phaseC_pin = 24
phaseD_pin = 25
button_pin = 12
led_pin = 16
phase_pins = (phaseA_pin, phaseB_pin, phaseC_pin, phaseD_pin)
debounce = 0
max_debounce = 500
phase = [[1,0,0,0] ,[1,1,0,0],[0,1,0,0],[0,1,1,0],[0,0,1,0],[0,0,1,
1],[0,0,0,1],[1,0,0,1]]
def stepping(direction, steps):
    step = steps % 8
```

```
    while steps > 0:
        sleep(speed)
        if direction == CCW:
            step = 7 - step
        step_phase(step)
        steps = steps - 1
        step = steps%8
def step_phase(step):
    for i in range(0,4):
        GPIO.output(phase_pins[i],phase[step][i])
def rotation(direction, angle):
    step_togo = int(float(angle)/step_angle)
    stepping(direction, step_togo)
GPIO.setmode(GPIO.BCM)
for i in range(0,4):
    GPIO.setup(phase_pins[i], GPIO.OUT)
GPIO.setup(button_pin, GPIO.IN, pull_up_down=GPIO.PUD_UP)
GPIO.setup(led_pin, GPIO.OUT, initial=False)
rand_num = [0, 0, 0]
try:
    while True:
        if GPIO.input(button_pin) == 0:
            if debounce > max_debounce:
                debounce = 0
                GPIO.output(led_pin, True)
                msg = "3 random numbers = "
                for i in range(3):
                    rand_num[i] = random.randint(0, 35)
                    msg = msg + str(rand_num[i]) + " "
                print(msg)
                for i in range(3):
                    angle_togo=rand_num[i]*10+5
                    rotation(CCW, angle_togo)
                    sleep(1)
                    rotation(CW, angle_togo)
                    sleep(1)
                while GPIO.input(button_pin) == 0:
                    pass
```

```
        else:
            debounce += 1
        GPIO.output(led_pin, False)
except KeyboardInterrupt:
    print("Exit!")
finally:
    GPIO.cleanup()
```

3.6　伺服馬達控制

伺服馬達的應用相當普遍，在驅動機器人關節軸旋轉進行各種動作方面，它是一個很好的致動器。控制方式，利用 PWM 訊號控制馬達轉軸旋轉 0° 到 180°。市售伺服馬達相當多，原理大致相同，控制訊號為 50Hz（週期為 20ms）、5V 的 PWM 脈波，當脈波寬度等於 0.5ms，即占空比為 $\dfrac{0.5}{20}=2.5\%$，馬達轉軸 0°；當脈波寬度等於 2.5ms，占空比占空比 $\dfrac{2.5}{20}=12.5\%$，馬達旋轉 180°，0° 到 180° 之間成線性變化。本書採用 MG995 伺服馬達，馬達外部有 3 條線，棕色接 GND，紅色線接 5V，橘色線為訊號線。根據不同廠牌，電線顏色或有不同，使用前應詳閱使用手冊或規格表。MG995 伺服馬達轉速，在 4.8V 工作電壓下，轉 60° 需 0.17s。

樹莓派有 4 支腳位為硬體 PWM，分別為 GPIO12、GPIO18、GPIO 13、GPIO 19，其中 GPIO12、GPIO18 頻率一樣，GPIO13、GPIO19 頻率一樣，其餘的 GPIO 腳位仍可以運用軟體方式輸出 PWM 訊號，只是精準度較差。

例題 3.7

設 3 個按壓開關、綠、紅、與黃色 LED，按下第 1 個開關，綠色 LED 亮，伺服馬達轉 0°，按下第 2 個開關，紅色 LED 亮，伺服馬達轉 90°，按下第 3 個開關，黃色 LED 亮，伺服馬達轉 180°。

電路布置

❶ 按壓開關：分別接 GPIO25、GPIO16、GPIO20 腳位，另一側接 GND，使用
內部提升電阻。

❷ LED：綠、紅、黃 LED 分別接 GPIO18、GPIO23、GPIO24 腳位，330Ω、
GND。

❸ 伺服馬達：MG995 伺服馬達紅色線接 5V，棕色線接 GND，橘色線接
GPIO12 腳位。

電路如圖 3.11。

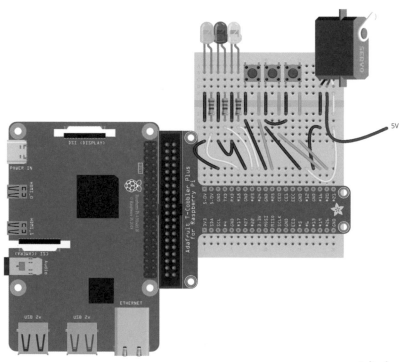

fritzing

圖 3.11　伺服馬達控制電路

範例程式

模組 **moving.py**

❶ 匯入 sleep 模組。

❷ to_target：3 個引數分別為伺服馬達物件、目前占空比、目標占空比。伺服馬達每次只改變 0.1% 占空比，0.1% 占空比約轉 1.8°，若使用 4.8V 工作電壓，依據伺服馬達規格，需 5.1ms；經測試，延遲 20ms 可以得到平順運轉。

```
from time import sleep

def to_target(servo, current, target):
    to_go = current
    increment = 0.1
    if current < target:
        while to_go < target:
            to_go = to_go + increment
            servo.ChangeDutyCycle(to_go)
            sleep(0.02)
    else:
        while to_go > target:
            to_go = to_go - increment
            servo.ChangeDutyCycle(to_go)
            sleep(0.02)
```

主程式

❶ 匯入 RPi.GPIO、sleep、moving 模組。

❷ 建立 PWM 物件：第 1 個引數為伺服馬達訊號腳位，第 2 個引數為頻率，分別為 GPIO12、50Hz。

❸ ChangeDutyCycle：設定 PWM 占空比，引數為占空比。

❹ button_pins 按壓開關腳位清單 [25, 16, 20]，led_pins 腳位清單 [18, 23, 24]，duty 為轉 0°、90°、180° 的占空比清單 [2.5, 7.5, 12.5]。註：筆者測試的伺服馬達，占空比 10% 已接近 180°。

❺ 利用 current_index 記憶按下哪個按壓開關對應的占空比索引，previous_index 記憶前一次占空比索引；布林變數 do_press 用於確認按下開關。

```python
import RPi.GPIO as GPIO
from time import sleep
import moving
servo_pin = 12
button_pins = [25, 16, 20]
led_pins   = [18, 23, 24]
duty = [2.5, 7.5, 12.5]
debounce = 0
max_debounce = 500
GPIO.setmode(GPIO.BCM)
GPIO.setup(servo_pin, GPIO.OUT)
for pin in button_pins:
    GPIO.setup(pin, GPIO.IN, pull_up_down=GPIO.PUD_UP)
for pin in led_pins:
    GPIO.setup(pin, GPIO.OUT, initial = False)
servo1 = GPIO.PWM(servo_pin, 50)
servo1.start(0)
sleep(1)
do_press = False
current_index = 0
previous_index = 0
try:
    while 1:
        for i in range(3):
            if GPIO.input(button_pins[i]) == 0:
                if debounce > max_debounce:
                    debounce = 0
                    GPIO.output(led_pins[i], True)
                    do_press = True
                    current_index = i
```

```
                        while GPIO.input(button_pins[i]) == 0:
                            pass
                    else:debounce += 1
            else:
                GPIO.output(led_pins[i], False)
        if do_press == True:
            moving.to_target(servo1, duty[previous_index],
duty[current_index])
            previous_index = current_index
            servo1.ChangeDutyCycle(0)
            sleep(1)
            do_press = False
except KeyboardInterrupt:
    print("Exit!")
finally:
    GPIO.cleanup()
```

3.1　試利用 DHT11 溫濕度感測模組量測氣溫，再根據氣溫計算音速，並用於 HC-SR04P 超音波測距模組量測距離程式，使距離更為精準。

註：音速 $=331.3\sqrt{1+\dfrac{T}{273.15}}$

其中，T 為氣溫（℃），音速單位為 m/s。

（https://en.wikipedia.org/wiki/Speed_of_sound）

3.2　輸入降雨量，控制 LED 亮的個數：超過 80mm（大雨）亮 1 顆 LED、超過 200mm（豪雨）亮 2 顆 LED、超過 350mm（大豪雨）亮 3 顆 LED、超過 500mm（超大豪雨）亮 4 顆 LED。

04
CHAPTER

停車場車位計數顯示與柵欄啟閉控制系統

4.1　系統組成元件
4.2　控制方式

本章運用 PIR 感測器、伺服馬達，建立停車場車位計數與柵欄啟閉控制系統，模擬汽車進出停車場，在入口處按下按壓開關（模擬按下遙控器），柵欄開啟；在出口處 PIR 感測器感應到車輛，柵欄開啟。

4.1 系統組成元件

- PIR 感測器：控制出口柵欄

- 伺服馬達：停車場進出口各有 1 個 MG995 伺服馬達，馬達旋轉 90°，柵欄開啟，轉回 0°，柵欄關閉

- 按壓開關：控制入口柵欄

- 指示燈：停車場進出口各有 1 個 LED、330Ω 電阻

4.2 控制方式

柵欄開啟前，LED 燈先閃 10 次（間隔 100ms），LED 維持亮，柵欄全開，再閃 10 次，放下柵欄，全關後 LED 暗，控制電路如圖 4.1。入口柵欄開啟一次，停車數增加 1 輛；出口柵欄開啟一次，停車數減少 1 輛；顯示目前停車場車輛總數，車輛進出時間、停車數記錄在 log.txt（位在 /home/pi/Documents 目錄）。註：未來可以增加攝影與辨識車牌功能。

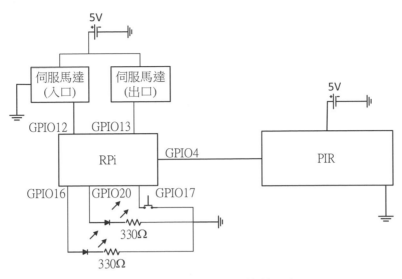

圖 4.1 停車場柵欄啟閉控制電路

電路布置

❶ 入口：按壓開關接 GPIO17，伺服馬達訊號線接 GPIO12，LED 接 GPIO16、330Ω、GND。

❷ 出口：PIR 感測器訊號線接 GPIO4、5V、GND，伺服馬達訊號線接 GPIO13，LED 接 GPIO20、330Ω、GND。

範例程式

❶ 匯入 RPi.GPIO、time、moving 模組。

❷ 2 個函式

① flashing：產生 LED 閃爍效果，引數為腳位，先輸出高準位，延遲 100ms，接著輸出低準位，延遲 100ms，反覆執行 10 次。

② keep_record：記錄進停車場時間與目前停車數，2 個引數分別為旗標、停車數，旗標等於 1 時，車輛進入停車場，旗標等於 -1 時，車輛離開停車場。

❸ debounce1 與 debounce2：入口、出口數位輸入狀態確定計數值，因按壓
　 開關或 PIR 感測器可能出現彈跳現象，利用計數值超過門檻值確定按壓動作
　 以避免引發誤動作，門檻值設為 500。

```python
import RPi.GPIO as GPIO
import time
import moving
def flashing(pin):
    for i in range(10):
        GPIO.output(pin, True)
        time.sleep(0.1)
        GPIO.output(pin, False)
        time.sleep(0.1)
def keep_record(flag,no):
    fid = open('/home/pi/Documents/log.txt', 'a+')
    if flag == 1:
        fid.write('One car entering at ')
    else:
        fid.write('One car exiting at ')
    fid.write(time.asctime()+"\n")
    fid.write('Total no of cars = '+str(no) + '\n')
    fid.close()
servo_pin1   = 12
servo_pin2   = 13
enter_pin  = 17
exit_pin    = 4
enter_led_pin = 16
exit_led_pin  = 20
max_debounce= 500
debounce1   = 0
debounce2   = 0
duty = [2.5, 7.5]
GPIO.setmode(GPIO.BCM)
GPIO.setup(servo_pin1, GPIO.OUT)
GPIO.setup(servo_pin2, GPIO.OUT)
GPIO.setup(enter_led_pin, GPIO.OUT, initial=False)
GPIO.setup(exit_led_pin, GPIO.OUT, initial=False)
```

```
GPIO.setup(enter_pin, GPIO.IN, pull_up_down=GPIO.PUD_UP)
GPIO.setup(exit_pin, GPIO.IN)
servo1 = GPIO.PWM(servo_pin1, 50)
servo2 = GPIO.PWM(servo_pin2, 50)
servo1.start(0)
servo2.start(0)
time.sleep(1)
fid = open('/home/pi/Documents/log.txt', 'w')
fid.write('Parking lot counting system\n')
fid.close()
no = 0
try:
    while True:
        if GPIO.input(enter_pin) == 0:
            if debounce1 > max_debounce:
                debounce1 = 0
                flashing(enter_led_pin)
                GPIO.output(enter_led_pin, True)
                moving.to_target(servo1, duty[0], duty[1])
                flashing(enter_led_pin)
                GPIO.output(enter_led_pin, True)
                moving.to_target(servo1, duty[1], duty[0])
                GPIO.output(enter_led_pin, False)
                servo1.ChangeDutyCycle(0)
                no = no + 1
                print("Total no of cars in the parking lot: ");
                print(no)
                keep_record(1, no)
                while GPIO.input(enter_pin) == 0:
                    pass
            else:
                debounce1 += 1
        if GPIO.input(exit_pin) == 1:
            if debounce2 > max_debounce:
                debounce2 = 0
                flashing(exit_led_pin)
                GPIO.output(exit_led_pin, True)
```

```
                    moving.to_target(servo2, duty[0], duty[1])
                    flashing(exit_led_pin)
                    GPIO.output(exit_led_pin, True)
                    moving.to_target(servo2, duty[1], duty[0])
                    GPIO.output(exit_led_pin, False)
                    servo2.ChangeDutyCycle(0)
                    no = no - 1
                    print("Total no of cars in the parking lot: ");
                    print(no)
                    keep_record(-1,no)
                    while GPIO.input(exit_pin) == 1:
                        pass
                else:
                    debounce2 += 1
except KeyboardInterrupt:
    print("Exit!")
finally:
    GPIO.cleanup()
```

執行結果

車輛進出停車場的時間與停車數紀錄 log.txt，內容如圖 4.2。

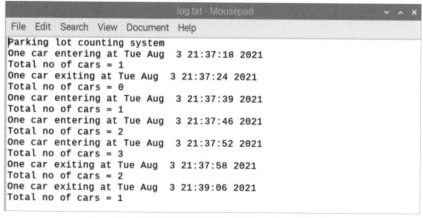

圖 4.2　車輛進出停車場時間、停車數紀錄

4.1 停車場車位計數與柵欄啟閉控制系統，除原有功能外，在入口出口各裝設
網路攝影機，在入口處按下按壓開關時，拍攝一張照片，檔案名稱為 IN-
DD-HH-MM-SS.jpg（DD：日期、HH：時、MM：分、SS：秒），在出口處
PIR 感測到物體時，拍攝一張照片，檔案名稱為 OUT-DD-HH-MM-SS.jpg。

MEMO

PART **II** ESP32

05
CHAPTER

ESP32 介紹

ESP32 晶片模組，主要特色為雙核心、32 位元、支援 Wi-Fi 與藍牙低功耗通訊，由 Espressif 公司出品，獲得不少物聯網開發平台採用，本書中的 NodeMCU-ESP32-S（或簡稱 NodeMCU-32S，AI-Thinker 公司出品）就是其中之一項產品（https://docs.ai-thinker.com/_media/esp32/docs/nodemcu-32s_product_specification.pdf）。它具備 Arduino UNO、NodeMCU-ESP8266 原有功能，除了提供多達 19 個 GPIO 數位腳位、18 個 12 位元的類比訊號輸入腳位之外，還加入內建觸摸與霍爾感測器，使得功能更齊全，網路資源也豐富，是一個相當值得學習的開發平台。本書將運用它，以 MicroPython 撰寫程式，只需提供電源，它就可以獨立作業。讀者若使用其他 ESP32 系列產品，除腳位需調整（請詳閱個別規格書），本書程式可適用。

5.1　NodeMCU-32S

NodeMCU-32S（後面以 ESP32 簡稱）為開源的物聯網平台，石英振盪頻率為 40 MHz、時脈頻率調整範圍 80 ～ 240MHz、4MB 快閃記憶體（flash memory）、38 支腳、支援 Wi-Fi 802.11b/g/n 與藍牙 4.2、藍牙低功耗。

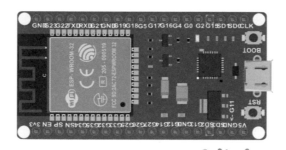

圖 5.1　NodeMCU-32S

模組腳位如表 5.1，每支腳位具有多項功能，可依據需求做好設定使用。

表 5.1　ESP32 腳位與功能

腳位排列編號		代號、功能	
1	20	3.3V	GND
2	21	EN	GPIO23
3	22	GPIO36	GPIO22
4	23	GPIO39	GPIO1
5	24	GPIO34	GPIO3
6	25	GPIO35	GPIO21
7	26	GPIO32	GND
8	27	GPIO33	GPIO19
9	28	GPIO25	GPIO18
10	29	GPIO26	GPIO5
11	30	GPIO27	GPIO17
12	31	GPIO14	GPIO16
13	32	GPIO12	GPIO4
14	33	GND	GPIO0
15	34	GPIO13	GPIO2
16	35	GPIO9	GPIO15
17	36	GPIO10	GPIO8
18	37	GPIO11	GPIO7
19	38	Vin/5V	GPIO6

1.　**GPIO** 腳位：GPIO 編號用於程式腳位設定

(1)　一般數位輸入與輸出腳位：2、4 ～ 5、12 ～ 19、21 ～ 23、25 ～ 27、32 ～ 33，共 19 支。

(2)　僅用於數位輸入腳位：34 ～ 39。

(3)　內建 10 個觸摸感測器：T0 ～ T9 對應 GPIO 腳位如表 5.2。

表 5.2　觸摸感測器腳位

T	0	1	2	3	4	5	6	7	8	9
GPIO	4	0	2	15	13	12	14	27	33	32

2. 類比訊號輸入腳位：18 個 12 位元解析度頻道，分成 ADC1 與 ADC2 兩組，ADC1 有 8 個頻道，ADC2 有 10 個頻道，對應 GPIO 腳位如表 5.3。

表 5.3　類比訊號輸入腳位

ADC1	0	1	2	3	4	5	6	7		
GPIO	36	37	38	39	32	33	34	35		
ADC2	0	1	2	3	4	5	6	7	8	9
GPIO	4	0	2	15	13	12	14	27	25	26

3. 串列傳輸（**UART**）腳位：TX(GPIO1)、RX(GPIO3)。

4. I²C 腳位：SDA(GPIO21)、SCL(GPIO22)。

5. 輸出電源、接地：1 個 3.3V、1 個 5V 電源輸出、3 個接地腳位。

6. 電源供應：利用 micro USB 由樹莓派、筆電或電源供應器提供 4.75 ～ 5.25V 電源給 ESP32（官方推薦 5V），或 Vin 腳位接 3 ～ 3.6V 外部電源（官方推薦 3.3V）。註：若由 micro USB 供應電源，Vin 腳位可以輸出 5V 電壓。

5.2　MicroPython 軟體

MicroPython 主要是讓微控制器（嵌入式系統）可以執行 Python 程式語言，它僅包含小部分 Python 標準函式庫。我們將利用樹莓派以 micro USB 連接 ESP32，將程式上傳至 ESP32；ESP32 記憶空間有限，無法容納眾多 Python 模組，程式匯入模組後，MicroPython 會將它轉換成位元組碼（bytecode），儲存在 RAM，並利用 MicroPython 的虛擬機器（virtual machine）執行。（資料來自：https://micropython.org）

🛜 工具軟體

1.   **esptool**：開源、跨平台的 Python 程式，用於與 ESP32 溝通，安裝指令

     ```
     $ sudo pip3 install esptool
     ```

2.   **rshell**：MicroPython 遠端連線介面程式，可以在樹莓派上複製檔案至 ESP32
     或建立目錄，安裝 rshell 指令

     ```
     $ sudo pip3 install rshell
     ```

🛜 ESP32 韌體

運用 ESP32 前，必須先將特定韌體覆寫在 ESP32。

1.   抹掉快閃記憶體：在韌體寫入前，須抹掉 ESP32 快閃記憶體，請確認 ESP32
     已連上樹莓派，指令

     ```
     $ ls /dev
     ```

     若僅接一部 ESP32，埠號為 ttyUSB0，如圖 5.2。

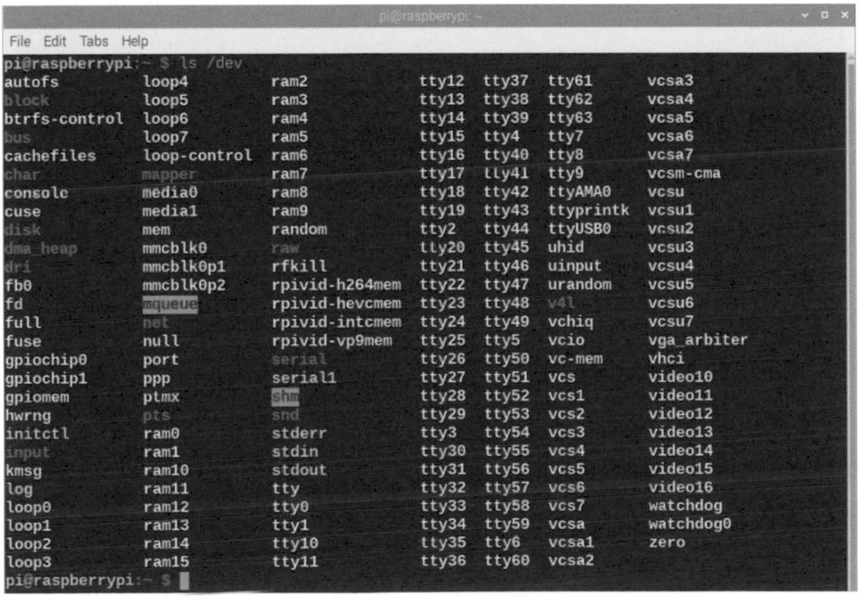

圖 5.2 裝置清單

抹掉快閃記憶體指令

```
$ esptool.py --port /dev/ttyUSB0 erase_flash
```

如果執行指令成功，可以得到如圖 5.3 畫面。

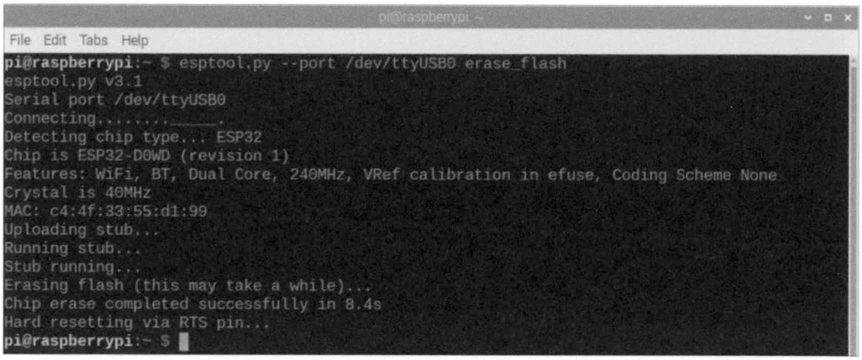

圖 5.3　執行快閃記憶體抹掉指令

2.　**下載 ESP32 韌體**：下載網址 https://micropython.org/download/esp32/，可供選擇的版本相當多，檔案名稱以發行日期、版本組成，本書使用韌體版本為 esp32-20210623-v1.16.bin，樹莓派預設下載檔案儲存在 ~/Downloads 目錄。

3.　寫入韌體指令

```
$ esptool.py --chip esp32 --port /dev/ttyUSB0 --baud 460800 write_
flash -z 0x1000 ~/Downloads/esp32-20210623-v1.16.bin
```

成功執行指令後，可得畫面如圖 5.4。

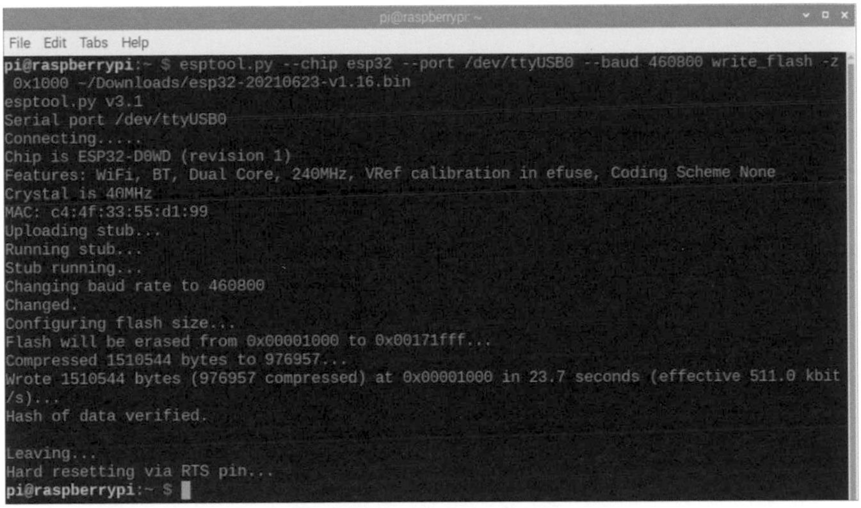

圖 5.4 執行韌體寫入

4. 快閃記憶體容量：應用程式在 Thonny Python IDE 測試時是儲存在 RAM，完成測試後須儲存在 ESP32 快閃記憶體；讓 ESP32 在 Thonny Python IDE 停止後，可以獨立作業。因此，快閃記憶體的容量關係到可以接受多大的應用程式，ESP32 快閃記憶體容量為 4MB，可查看、確認，指令

```
$ esptool.py --port /dev/ttyUSB0 flash_id
```

🛜 遠端連線

樹莓派可以利用 rshell 與 ESP32 連線，進行簡單的檔案管理；連線成功後，ESP32 裝置名稱為 pyboard。

1. 執行 **rshell** 程式連接 **ESP32**

```
$ rshell -p /dev/ttyUSB0
```

2. 顯示寫入韌體後 **ESP32** 目錄

```
> ls /pyboard
```

3. 在 **ESP32** 新增 **umqtt** 目錄

   ```
   > mkdir /pyboard/umqtt
   ```

4. 離開 **rshell**：按 ctrl+d。

```
                                    pi@raspberrypi: ~                        ∨ □ x
File  Edit  Tabs  Help
pi@raspberrypi:~ $ rshell -p /dev/ttyUSB0
Using buffer-size of 32
Connecting to /dev/ttyUSB0 (buffer-size 32)...
Trying to connect to REPL  connected
Retrieving sysname ... esp32
Testing if ubinascii.unhexlify exists ... Y
Retrieving root directories ... /boot.py/
Setting time ... Aug 04, 2021 20:17:45
Evaluating board_name ... pyboard
Retrieving time epoch ... Jan 01, 2000
Welcome to rshell. Use Control-D (or the exit command) to exit rshell.
/home/pi> ls /pyboard
boot.py
/home/pi> mkdir /pyboard/umqtt
/home/pi> ls /pyboard
umqtt/   boot.py
/home/pi>
```

圖 5.5　遠端連線至 ESP32

🛜 設定 **Thonny Python IDE** 環境

在第 2 章已經使用 Thonny Python IDE 撰寫程式，圖 2.3 顯示使用者介面（UI）
是簡單型（Simple mode），我們要將它改成一般型（Regular mode），才可以連
上 ESP32 執行程式撰寫、上傳的作業。點擊圖 5.6(a) 右上角「Switch to regular
mode」，切換後須結束 Thonny Python IDE，重新執行，設定才會生效；讀者仔
細看切換至一般型的 UI，它的主功能表已不同於簡單型，如圖 5.6(b)。

(a) 簡單型

(b) 一般型

圖 5.6　Thonny Python IDE

我們將開始在 ESP32 上面撰寫程式，首先須選擇合適的直譯器：主功能表 >
Run > Select interpretor，請 選 MicroPython（ESP32），如 圖 5.7 已 接 2 個
ESP32，請確認裝置位置。

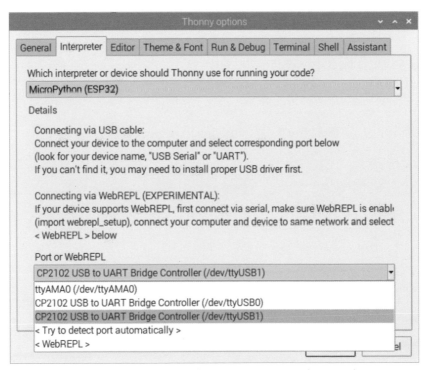

圖 5.7　選擇 ESP32 直譯器：MicroPython（ESP32）

切換完成,顯示 MicroPython 版本、發行日期,如圖 5.8。

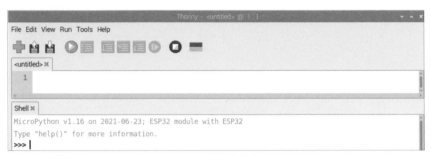

圖 5.8　Thonny Python IDE 編輯視窗:MicroPython v1.16

5.3　數位輸出與輸入

🛜 基本數位輸出與輸入

利用 ESP32 的數位腳位,數位訊號 1 或 0,即高準位(3.3V)或低準位(0V)。

1.　**匯入 machine 模組 Pin 類別**:from machine import Pin。

2.　腳位模式設定:建立 Pin 物件,第 1 引數為 GPIO 編號,第 2 引數為 Pin.OUT
（輸出模式）或 Pin.IN（輸入模式）

　　(1)　輸出模式:Pin.OUT

　　　　◆　例如:建立 led 物件,led = Pin(18, Pin.OUT)

　　　　◆　輸出高準位:led.on() 或 led.value(1)

　　　　◆　輸出低準位:led.off() 或 led.value(0)

(2) 輸入模式：Pin.IN

◆ 例如：button = Pin(19, Pin.IN)，如果使用內部提升電阻，button = Pin(19, Pin.IN, Pin.PULL_UP)

◆ 讀取腳位狀態：button.value()，讀值為 0 或 1

例題 5.1

利用 ESP32 控制 LED，按下按壓開關，LED 發亮，鬆開，LED 暗。

電路布置

按壓開關接 GPIO19 腳位，另一側接 GND，LED 接 GPIO5、330 Ω 限流電阻、GND，電路如圖 5.9。

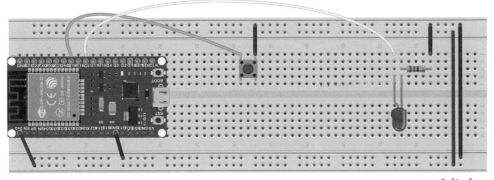

圖 5.9　LED 控制電路

範例程式

❶ 匯入 machine 模組 Pin 類別。

❷ 建立 Pin 物件：名稱分別為 led 與 button。

❸ button 使用內部提升電阻；按下開關，button.value() 讀到低準位，led.on()
輸出 3.3V，LED 亮；鬆開，讀到高準位，led.off() 輸出 0V，LED 暗。

```
from machine import Pin
led = Pin(5, Pin.OUT)
button = Pin(19, Pin.IN, Pin.PULL_UP)
led.on()
while True:
    if button.value() == 0:
        led.on()
    else:
        led.off()
```

📶 繼電器控制

繼電器（relay）常應用在日常生活自動控制系統，例如：電梯控制、電動熱水瓶
等，利用獨立低功率訊號控制工作電路的導通或斷開，內部組成有電磁線圈以及
常閉（normal close；NC）或常開（normal open；NO）接點。當電磁線圈通電
時，激磁使常閉接點斷開（open），常開接點閉合（close）。市售繼電器模組，
除前面提到的組成外，還增加保護電路，根據接點數目多寡，有 1、2、4、或 8
路模組，採低準位或高準位激發繼電器。

例題 5.2

利用 5V 繼電器模組控制直流馬達，開始時馬達停止運轉，按下按壓開關啟動馬
達，鬆開馬達停止運轉。註：本例題使用低準位觸發繼電器模組。

電路布置

繼電器模組，接 5V、GND，訊號輸入接 GPIO5，按壓開關接 GPIO19，電路如
圖 5.10。馬達電源線接繼電器常開接點。

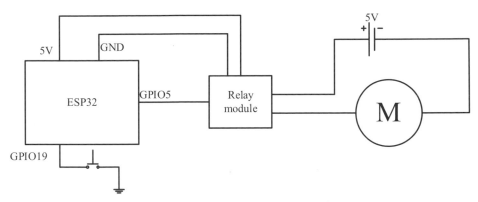

圖 5.10 繼電器模組電路

範例程式

按下開關時，button.value() 讀到 GPIO19 低準位，GPIO5 輸出 0V，激發繼電器使常開接點閉合，使馬達轉動；鬆開按壓開關，讀到高準位，輸出 3.3V，繼電器失磁，接點斷開，馬達停止轉動。

※ 直流馬達使用另外 5V 電源。

```
from machine import Pin
relay = Pin(5, Pin.OUT)
button = Pin(19, Pin.IN, Pin.PULL_UP)
relay.value(1)
while True:
    if button.value() == 0:
        relay.value(0)
    else:
        relay.value(1)
```

🛜 I²C 通訊

I²C（Inter-Integrated Circuit）是菲利浦公司在 1980 年代發展出來的通訊協定，主要用於連接微控制器、低速周邊裝置，只需 2 條線：SDA（Serial Data

Line）、SCL（Serial Clock Line），可以連接 112 個設備（根據 1992 年標準版本，10 位元模式位址，可連接 1008 個設備）。所有連線裝置，只有一個主設備（master），其餘都是從設備（slave），接 5V 電源與提升電阻，如圖 5.11。（https://zh.wikipedia.org/wiki/I%C2%B2C）

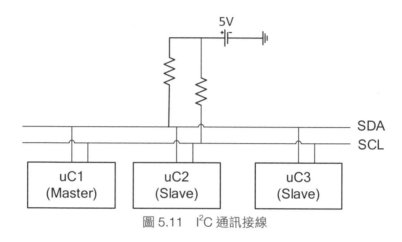

圖 5.11　I²C 通訊接線

將 ESP32 的 GPIO22（SCL）與 GPIO21（SDA）與 I²C 裝置連線，即可進行 I²C 通訊。

🛜 OLED 顯示裝置

有機發光二極體（Organic Light-Emitting Diodes；OLED）可以應用於資訊的顯示，它具有視角廣、高亮度、彩色等優點，顯示的內容多，除顯示文字外，亦可以顯示圖形。其中有一項產品 SSD1306 OLED，ESP32 可以藉由 I²C 介面顯示訊息。

使用 SSD1306 OLED 需驅動程式，請讀者下載 MicroPython 的 ssd1306 模組。

1.　下載 **ssd1306 OLED** 驅動模組：至 https://github.com/stlehmann/micropython-ssd1306/blob/master/ssd1306.py 下載 ssd1306.py，並儲存至 ESP32。

2. 匯入模組

    (1) Pin、I²C 模組：from machine import Pin, SoftI2C。

    (2) ssd1306 模組：import ssd1306。

3. 建立 **SoftI2C** 類別物件：引數分別為 SCL、SDA 腳位、以及頻率（使用 400kHz），例 如：i2c = SoftI2C(scl=Pin(22), sda=Pin(21), freq=400000），GPIO22 為 SCL 腳位，GPIO21 為 SDA 腳位。

4. 建立 **OLED** 物件：引數有 OLED 寬度、高度、I²C 物件，例如：display = ssd1306.SSD1306_I2C（width, height, i2c）。

5. **ssd1306** 函式

    (1) text：顯示字串，3 個引數分別為字串、顯示開始位置 x 與 y。8×8 點陣的英文字母或數字，如果 OLED 寬度 =128、高度 =64（128×64 點陣），可以顯示 8 列、每列 16 字。若要在第 1 列第 1 行開始顯示，x=0、y=0，如果要在第 2 列第 1 行開始顯示，x=0、y=8，其餘以此類推，例如：display.text('Temp = 28', 0, 0)。

    (2) show：顯示螢幕，例如：display. show ()。

    (3) fill：設定單色螢幕

    ◆ 螢幕變黑：diaplay.fill(0)

    ◆ 螢幕變白：display.fill(1)

溫濕度感測

利用 ESP32 與溫濕度感測模組 DHT11、DHT22 量測溫濕度。

1. 匯入 **dht** 模組：import dht。

2. 建立 **dht** 物件：依據 DHT11 或 DHT22 設定感測器，例如：sensor = dht. DHT22(Pin(5))。

3. **measure**：量測溫濕度，例如：sensor.measure()。

4. **temperature**：讀取溫度值，例如：temp = sensor.temperature()。

5. **humidity**：讀取濕度值，例如：humi = sensor.humidity()。

例題 5.3

利用 DHT22 溫濕度感測模組，按下按壓開關，開始讀取量測，並在 OLED 顯示量測的溫度（°C）與相對濕度（%）。

電路布置

電路如圖 5.12，DHT22 訊號輸出接 GPIO5，GPIO19 接按壓開關，OLED 的 SCL 腳位接 GPIO22、SDA 接 GPIO21（註：本例題 I²C 通訊不需另接電源或提升電阻），VDD 或 VCC 接 3.3V，GND 接地。

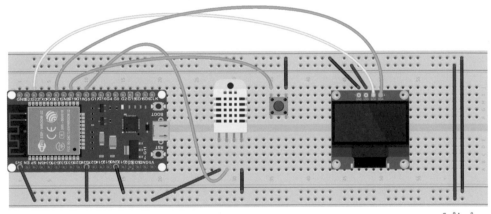

圖 5.12　DHT22 溫濕度感測模組電路

範例程式

❶　匯入 dht、machine 的 Pin 與 SoftI2C、ssd1306 模組。

❷　建立 dht 物件：名稱 sensor。

❸ 建立 ssd1306.SSD1306_I2C 物件：名稱 display。

❹ 當按下按壓開關量測一次，確定訊號傳輸正常，OLED 顯示溫濕度值，每次顯示數值前，螢幕先變黑。

```python
import dht
from machine import Pin, SoftI2C
import ssd1306

sensor = dht.DHT22(Pin(5))
button = Pin(19, Pin.IN, Pin.PULL_UP)
i2c = SoftI2C(scl=Pin(22), sda=Pin(21), freq=400000)
width = 128
height = 64
display = ssd1306.SSD1306_I2C(width, height, i2c)

while True:
    if button.value() == 0:
        sensor.measure()
        temp = sensor.temperature()
        humi = sensor.humidity()
        if ((temp != None) & (humi != None)):
            display.fill(0)
            temp = 'Temp = {0:4.1f} '.format(temp) + ' C'
            display.text(temp, 0, 0)
            humi = 'Humi = {0:4.1f} '.format(humi) + ' %'
            display.text(humi, 0, 8)
            display.show()
        while button.value() == 0:
            pass
```

5.4 類比輸入訊號

若使用類比感測器，可以直接輸入訊號至 ESP32，經內部類比數位轉換器（ADC）得到量測值，它具有 12 位元解析度，讀值介於 0 到 4095(=2^{12}−1)，若最大量測電壓值為 1.0V，解析度等於 $\dfrac{1.0}{4095}$ =0.000244V。註：樹莓派並無類比訊號輸入腳位。

📶 類比輸入模組與相關函式

1. 匯入 **machine** 模組的 **ADC** 類別：from machine import Pin, ADC。

2. 類別與函式

    (1) 建立 ADC 物件：設定類比輸入腳位，腳位請參照表 5.3，例如：a1 = ADC (Pin(pinNo))。

    (2) atten：設定最高量測電壓函式，參數有

       ◆ ADC.ATTN_0DB：1.0V，預設值

       ◆ ADC.ATTN_2_5DB：1.34V

       ◆ ADC.ATTN_6DB：2V

       ◆ ADC.ATTN_11DB：3.6V

    (3) read：讀取量測值，預設 12 位元解析度，例如：a1.read()。

    (4) 校正讀值：為正確解讀量測值，可利用多組參考電壓進行校正（calibration）得到直線方程式，ESP32 的官方校正資料（針對 ADC1）：使用 1149mV 參考電壓，150mV 時讀值為 306，850mV 為 3153。註：本書依據此校正值進行溫度量測值的換算。

（參考資料：https://docs.espressif.com/projects/esp-idf/en/latest/esp32/api-reference/peripherals/adc.html）

🛜 溫度量測

溫度感測器 LM35DZ，外觀似 BJT 電晶體，如圖 5.13。腳位判斷方式，面朝向產品名稱，左側腳位接 5 V，中間腳位輸出類比訊號，右側腳位接 GND，請勿接錯以免燒毀。LM35DZ 已完成溫度校正，輸出電壓值除以 10mV，即為攝氏溫度值，量測範圍 2 ～ 150℃、精度可達 0.5℃。

圖 5.13　LM35DZ 溫度感測器

例題 5.4

利用 ESP32、溫度感測器 LM35DZ 量測氣溫，在 OLED 顯示：The degree Celsius = 溫度值。

電路布置

溫度感測器 LM35DZ，接 5V 與 GND，類比訊號輸出接 GPIO36，GPIO19 接按壓開關，OLED 的 SCL 腳位接 GPIO22、SDA 接 GPIO21，VDD（或 VCC）接 3.3V，GND 接地，電路如圖 5.14。註：若室溫 30℃，LM35DZ 輸出電壓值為 0.3V。

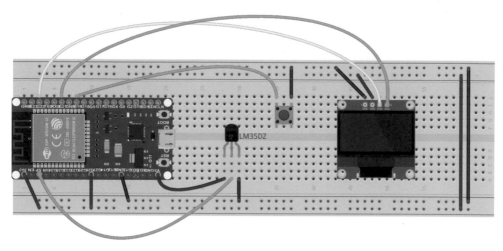

fritzing

圖 5.14　LM35DZ 溫度感測電路

範例程式

❶ 匯入 machine 的 Pin、ADC 與 SoftI2C、ssd1306 模組。

❷ map：將 value 從原本分布範圍 [from_min, from_max]，線性內插到 [to_min, to_max]。 本 例 [from_min, from_max]=[306, 3153]、[to_min, to_max]=[15, 85]。

❸ 建立 ADC 物件：名稱 adc1，類比訊號輸入腳位 GPIO36，最高量測電壓， 使用預設值 1V。

❹ 建立 ssd1306.SSD1306_I2C 物件：名稱 display。

❺ 當按下按壓開關量測一次，ADC 轉換值經 map 運算攝氏溫度值，OLED 顯 示溫度值，每次顯示數值前，螢幕先變黑。

```
from machine import Pin, ADC, SoftI2C
import ssd1306

def map(value, from_min, from_max, to_min, to_max):
```

```
    return to_min + (to_max - to_min) / (from_max - from_min)  \
        * (value - from_min)

button = Pin(19, Pin.IN, Pin.PULL_UP)
adc_pin = Pin(36)
adc1 = ADC(adc_pin)
i2c = SoftI2C(scl=Pin(22), sda=Pin(21), freq=400000)
width = 128
height = 64
display = ssd1306.SSD1306_I2C(width, height, i2c)
while True:
    if button.value() == 0:
        display.fill(0)
        temp = map(adc1.read(), 306, 3153, 15, 85)
        temp = 'Temperature = ' + str(temp)
        display.text(temp, 0, 0)
        display.show()
    while button.value() == 0:
        pass
```

🛜 光照量測

光敏電阻器（photoresistor）電阻值與光強度相關，電阻值變化很大，沒有光線時，電阻值可達幾個 MΩ，而強光下，其電阻值僅幾 Ω，光敏電阻器可以作為光強度或照度的感測器。利用溫室栽培農作物，光強度過大時，作物可能曬傷，光強度太弱時，光合作用減緩，影響作物生長。因此，可以應用光敏電阻器來控制溫室遮陰網的展開或閉合；居家窗簾也可以用光敏電阻器控制。

利用電壓分配定則，參考圖 3.2，R_1 為固定電阻，按壓開關改為光敏電阻，電阻值為 R_2，根據公式（3.1）可以計算光敏電阻值

$$R_2 = \frac{V_{out}}{V_r - V_{out}} R_1 \qquad (5.1)$$

光敏電阻值大於某一電阻值後,輸出電壓值趨近穩定。讀者可以使用不同固定電阻配合光敏電阻測試,根據實際照度值,取得兩者相關性,作為應用的參考。

例題 5.5

利用光敏電阻器 CdS 5mm(CD5592),監測室內明亮度,測試開燈與關燈的光敏電阻值。

電路布置

光敏電阻器一側接 GND,另一側接 GPIO36,同時接 10kΩ 電阻,再接至 3.3V,電路如圖 5.15。

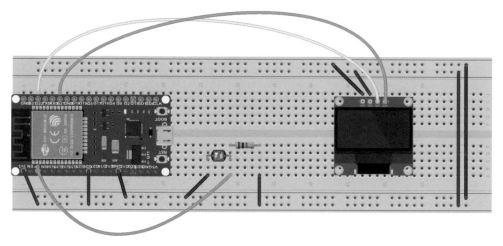

fritzing

圖 5.15　光照度感測電路

範例程式

❶ 匯 入 machine 的 Pin、ADC 與 SoftI2C、ssd1306、utime 的 sleep(utime 為 time 的子集合,兩者的 sleep 功能相同)模組。

❷ 設定最高量測電壓:adc1.atten(ADC.ATTN_11DB),最高量測電壓 3.6V。

❸ 輸入電壓 3.3V 讀值 4095，0V 讀值 0，map 引數 [from_min, from_max]=[0, 4095]、[to_min, to_max]=[0, 3.3]。

❹ 根據公式（5.1），計算光敏電阻值。

```python
from machine import Pin, ADC, SoftI2C
import ssd1306
from utime import sleep

def map(value, from_min, from_max, to_min, to_max):
    return to_min + (to_max - to_min) \
            / (from_max - from_min) * (value - from_min)


adc1 = ADC(Pin(36))
adc1.atten(ADC.ATTN_11DB)
i2c = SoftI2C(scl=Pin(22), sda=Pin(21), freq=400000)
width = 128
height = 64
display = ssd1306.SSD1306_I2C(width, height, i2c)
vr = 3.3
R1 = 10000
while True:
    display.fill(0)
    vout = map(adc1.read(), 0, 4095, 0, vr)
    display.text('vout = ' + str(vout), 0, 0)
    R2 = vout * R1 / (vr - vout)
    temp = 'R2 = ' + str(R2)
    display.text(temp, 0, 8)
    display.show()
    sleep(1)
```

執行結果

筆者測試當天，白天室內光敏電阻值約為 15kΩ；闔上窗簾，光敏電阻值約為 72kΩ。量測值會受到當時日照影響，這些資料僅供參考。

5.5 控制伺服馬達

ESP32 輸出 PWM 訊號控制伺服馬達轉軸角度，角度範圍從 0 ～ 180°。控制伺服馬達的 PWM 訊號頻率為 50Hz，改變占空比（duty-cycle），即可改變轉角。

1. 匯入 **machine** 模組的 **Pin**、**PWM** 類別：from machine import Pin, PWM。

2. 建立 **PWM** 物件：2 個引數分別為腳位、頻率（伺服馬達頻率為 50Hz），例如：servo = PWM(Pin(15), freq=50)。

3. 設定占空比：0 ～ 1023，1023 占空比 100%。伺服馬達 0° 時，數值為 25.6，取整數 26；180° 為 127.9，取整數 128；例如：servo.duty(26)、servo.duty(128)。

例題 **5.6**

控制伺服馬達旋轉角度，起始角度 0°，每次增加 10° 到 180°，轉回 0°，周而復始。

電路布置

MG995 伺服馬達訊號線（黃色線）接 GPIO15，電路如圖 5.16。

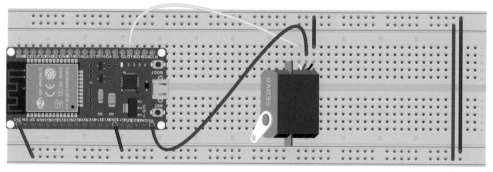

fritzing

圖 5.16 伺服馬達控制電路

範例程式

❶ 匯入 machine 的 Pin 與 PWM、utime 的 sleep 類別。

❷ 建立 PWM 物件：名稱 servo，PWM 訊號腳位 GPIO15。

❸ 設定 0°、180° 占空比數值：degree_0 = 25.6、degree_180 = 127.9。

❹ 每轉 10°（占空比數值 5.68）延遲 200ms。

```
from machine import Pin, PWM
from utime import sleep

servo = PWM(Pin(15), freq=50)
degree_0 = 25.6
degree_180 = 127.9
degree_change = 5.68

while True:
    for i in range(19):
        degree = degree_0 + i*degree_change
        servo.duty(int(degree))
        sleep(0.2)
    for i in range(19):
        degree = degree_180 - i*degree_change
        servo.duty(int(degree))
        sleep(0.2)
```

5.6 觸摸感測器

ESP32 提供 10 個觸摸感測器腳位，當手指觸摸連接腳位的跳線，電容值會改變。

1. **匯入 machine 的 Pin、TouchPad 類別**：from machine import Pin, TouchPad。

2. 建立 **TouchPad** 物件：引數為腳位，請參考表 5.2，例如：touch_sensor = TouchPad(Pin(4))。

3. **read**：讀取量測值，例如：touch_sensor.read()。

4. **config**：設定門檻值作為手指觸摸的判斷，當量測值低於門檻值表示接觸，例如：servo.config(200)，只要量測值低於 200 表示接觸，可以用於喚醒 ESP32。

（參考資料：https://docs.micropython.org/en/latest/esp32/quickref.html#pins-and-gpio）

例題 **5.7**

利用 ESP32 的 GPIO4 作為觸摸感測器，記錄觸摸與未接觸時的讀值，連續量測 10 次，取平均值。

電路布置

跳線連接至 GPIO4，開始時手指觸摸跳線金屬部分，測得數值後，手指隨即離開跳線。

範例程式

❶ 匯入 machine 的 Pin 與 TouchPad、utime 的 sleep 類別。

❷ 建立 TouchPad 物件：名稱 touch_sensor，腳位 GPIO4。

❸ 手指觸摸 GPIO4 跳線，每隔 0.5s 錄一次量測值，連續 10 次取平均值；量測值顯示後，手指離開跳線，暫停 2s，記錄手指未接觸跳線量測值。

```
from machine import Pin, TouchPad
from utime import sleep

touch_sensor = TouchPad(Pin(4))
# Touch
average = 0.0
```

```
for i in range(10):
    average += touch_sensor.read()
    sleep(0.5)
average /= 10.0
print('Average when touch = ' + str(average))
# Not touch
sleep(2)
average = 0.0
for i in range(10):
    average += touch_sensor.read()
    sleep(0.5)
average /= 10.0
print('Average when not touch = ' + str(average))
```

執行結果

筆者手指觸摸跳線，平均量測值為 129.9，未接觸時為 401.8，如圖 5.17。

```
MicroPython v1.16 on 2021-06-23; ESP32 module with ESP32
Type "help()" for more information.
>>> %Run -c $EDITOR_CONTENT
  Average when touch = 129.9
  Average when not touch = 401.8

>>>
```

圖 5.17　執行結果

例題 5.8

利用 ESP32 的 GPIO4 作為觸摸感測器，讓 ESP 進入睡眠狀態，當手指觸摸連接 GPIO4 跳線時喚醒 ESP32。註：根據例題 5.7 實驗量測值設定門檻值為 200。

電路布置

與例題 5.7 同。

範例程式

❶ 匯入 esp32、machine、machine 的 Pin 與 TouchPad 類別、utime 模組。

❷ 建立 TouchPad 物件：名稱 touch_sensor，腳位 GPIO4。

❸ touch_sensor.config(200)：設定接觸門檻值為 200。

❹ esp32.wake_on_touch(True)：當手指觸摸跳線時喚醒 ESP32。

❺ machine.lightsleep()：ESP32 停止執行程式，進入低功率狀態。

❻ utime.ticks_ms()：ESP32 計數器 ms 數，取兩點差為歷經時間。

```
import esp32
import machine
from machine import Pin, TouchPad
import utime
touch_sensor = TouchPad(Pin(4))
touch_sensor.config(200)
esp32.wake_on_touch(True)
start_sleep = utime.ticks_ms()
machine.lightsleep()
# sleep until touch pin
elapsed_time = utime.ticks_ms() - start_sleep
print('You slept ' + str(elapsed_time) + ' ms')
```

執行結果

筆者從執行程式到手指接觸跳線歷經 4306ms，如圖 5.18。

```
>>> %Run -c $EDITOR_CONTENT
  You slept 4306 ms
>>>
```

圖 5.18　執行結果

本 章 習 題

5.1 設 2 個按壓開關，分別為 Open、Close，按 Open 開關，伺服馬達旋轉 90°，按 Close 開關，伺服馬達轉回 0°，伺服馬達運轉中 LED 燈亮以為警示。

5.2 建立溫室遮蔭網控制系統：利用光敏電阻（CdS 5mm，CD5592）量測照度（參考例題 5.5 接線），馬達控制板控制伺服馬達。設定 2 個門檻值：shading_open、shading_close，當光敏電阻值高於 shading_open，表示光線弱，啟動馬達轉 90° 拉開遮蔭網，讓多點光線進入溫室；當光敏電阻值低於 shading_close，表示光線強，啟動馬達轉回 0° 闔上遮蔭網，阻擋光線進入溫室。註：筆者在某一天測試時，白天光敏電阻值約 8kΩ，以手遮住光敏電阻，電阻值約為 35kΩ，設定 shading_open = 30000、shading_close = 15000。當電阻值高於 30kΩ，伺服馬達轉 90°，當電阻值低於 15kΩ，伺服馬達轉 0°。

5.3 建立路燈控制系統：利用光敏電阻（CdS 5mm，CD5592）量測照度，繼電器模組控制路燈開關，當天色暗到光敏電阻值高於門檻值，開啟路燈開關。註：參考例題 5.5 接線，先測試黃昏時光敏電阻值，參考此值設定門檻值。

MEMO

06
CHAPTER

ESP32 無線
通訊模組

ESP32 具有 Wi-Fi 與藍牙低功耗（Bluetooth Low Energy；BLE）無線通訊的功能，在有無 Wi-Fi 提供的場所都可以與鄰近裝置互相傳遞資料。本書會用到的 MicroPython 無線通訊模組有

- network：無線網路模組
- umqtt：MQTT 通訊模組
- ubluetooth：BLE 通訊模組

同時，我們利用免費的 ThingSpeak 雲端伺服器，將量測資料透過無線網路上傳至雲端伺服器，提供其他裝置讀取作為監控依據。

6.1 無線網路模組

ESP32 必須連上網路，才能進行資料傳輸，在無線分享器網域內，完成網路相關設定，確認密碼無誤即連上無線網路。MicroPython 提供的 network 模組使用相當簡單，只需幾行程式就可以聯網。

1. **匯入 network 模組**：import network。

2. **network 模組類別與函式**

   (1) 建立 WLAN 類別物件：引數為網路介面有 STA_IF（ESP32 為用戶端）、AP_IF（ESP32 為熱點），本書採用 STA_IF 介面，例如：wlan = network. WLAN(network.STA_IF)。

   (2) active：啟用或停用網路介面，例如：wlan.active(True) 或 wlan.active(False)。

   (3) connect：連接無線網路，例如：wlan.connect(ssid, password)，確認無線分享器的 ssid 與 password。

   (4) isconnected：檢查是否連上網路，若連線成功，回傳 True，例如：wlan. isconnected()。

   (5) ifconfig：顯示 ESP32 的 IP，例如：wlan.ifconfig()。

（參考資料：https://docs.micropython.org/en/v1.9.1/wipy/wipy/tutorial/wlan.html# connecting-to-your-home-router）

配合不同網域，利用檔案來管理聯網資料，以 json 檔案格式儲存無線網域名稱與密碼，在聯網前載入該檔案，例如：檔案名稱為 mywifi.json，內容有 ssid=my_account，password=my_password，使用 json 模組 load 函式載入聯網資料。請讀者確認 ssid 與 password。

例題 6.1

利用 ESP32 連上無線網路，顯示目前 IP。

範例程式

❶ mywifi.json：聯網資料檔案，此檔案必須儲存在 ESP32 裝置裡，否則會出現 OSError: [Errno 2] ENOENT 的錯誤訊息

```
{
    "ssid": my_account,
    "password": my_password,
    }
```

❷ 主程式

◆ 建立 WLAN 物件：名稱 esp32，採用 STA_IF 網路介面

◆ 根據 mywifi.json 的網域名稱（ssid）與密碼（password）連上網路，若連網成功，esp32.isconnected() 回傳 True

```
import network
from network import WLAN
import machine
import json

with open('mywifi.json') as f:
    config = json.load(f)
```

```
ssid = config['ssid']
password = config['password']

esp32 = WLAN(network.STA_IF)
if not esp32.isconnected():
    esp32.active(True)
    esp32.connect(ssid, password)
    while not esp32.isconnected():
        pass
print('Connected to wifi!')
print(esp32.ifconfig())
```

執行結果

ESP32 的 IP 為 192.168.0.109，如圖 6.1。

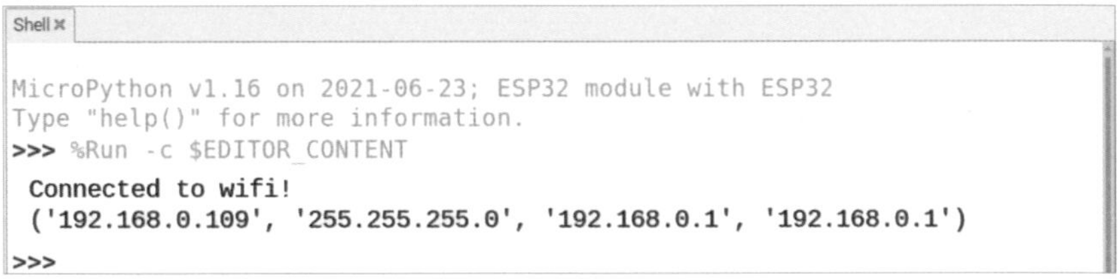

圖 6.1　無線網域 IP

當按下 ESP32 重置鍵（RST），會先執行 boot.py，再執行 main.py。因此，讀者可以將本範例程式檔名改為 boot.py，並儲存在 ESP32 裝置裡，這 **boot.py** 將用於之後所有 **ESP32** 的聯網作業。

6.2　MQTT 通訊

MQTT（Message Queuing Telemetry Transport）是建立物聯網的重要工具，它是網路世界裡機器與機器（M2M）或物與物之間通訊協定；相較於 http 協定，它顯得簡單、輕量。由三個成員構成，分別為「發布者」（publisher）、「訂閱者」

（subscriber）、「伺服器」或「代理人」（broker），三者可以在同一部裝置，或分散至各個裝置，例如：樹莓派、筆電、ESP32 等，也可以運用雲端伺服器，「發布者」將訊息發布至「伺服器」，而「訂閱者」自「伺服器」取得相關資訊，三者關係如圖 6.2。這種「發布者」、「訂閱者」與「伺服器」的概念，可以 YouTube 比擬，YouTube 網站為「伺服器」，網民將影片上傳到「伺服器」供人觀看，他就是「發布者」；如果觀看者喜歡「發布者」的相關影片，成為「訂閱者」，只要新影片上傳，都會收到通知。MQTT 與 YouTube 的差異：MQTT 是以訂閱主題發送訊息；YouTube 則是無論任何主題都會通知「訂閱者」。

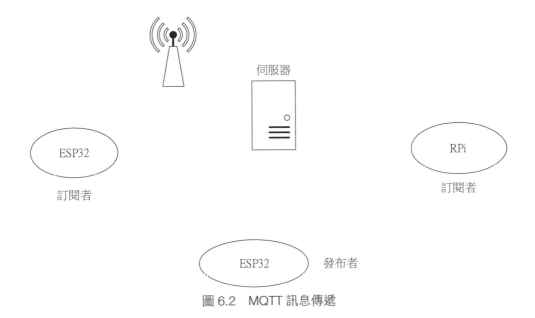

圖 6.2　MQTT 訊息傳遞

Message 或 msg 為所有傳遞訊息的載體，常使用的項目有 topic（主題）、payload（負載）等，也可以自行新增項目。topic 與 payload 都是字串，其中 topic 由上而下階層式歸類，例如：發布 topic='cmd'、payload='1' 訊息，只要連上 MQTT 伺服器，訂閱 'cmd'，就可以獲得 '1' 訊息負載，藉此傳遞控制裝置指令；如果有好幾個裝置控制指令，例如：電燈開關 Switch 1、Switch 2，主題 topic='cmd/sw1'、topic='cmd/sw2'，上層與下層主題以 '/' 分隔，允許更多層主題，這部分還會在第 8 章進一步說明。

📶 umqtt 模組

我們應用 umqtt 模組進行 ESP32 的 MQTT 訊息傳遞，其中會用到 simple2.py 與 robust2.py 模組，請分別至 https://github.com/fizista/micropython-umqtt.simple2/tree/master/src/umqtt 下載 simple2.py、https://github.com/fizista/micropython-umqtt.robust2/tree/master/src/umqtt 下載 robust2.py。

1. **複製 simple2.py 與 robust2.py**：在 ESP32 新增 umqtt 目錄，將 simple2.py、robust2.py 複製至 ESP32 的 umqtt 目錄。利用樹莓派以 rshell 遠端連線執行複製作業

    (1) 遠端連線：假設 ESP32 串列埠為 ttyUSB0

    ```
    $ rshell -p /dev/ttyUSB0
    ```

    (2) 新增 umqtt 目錄

    ```
    > mkdir /pyboard/umqtt
    ```

    (3) 複製檔案

    ```
    > cp simple2.py /pyboard/umqtt
    > cp robust2.py /pyboard/umqtt
    ```

2. **匯入 MQTTClient 模組**：from umqtt.robust2 import MQTTClient。

3. **umqtt 類別與函式**

    (1) MQTTClient 類別：用於建立 MQTTClient 物件，引數為用戶識別碼與 MQTT 伺服器網址，如：client = MQTTClient(mqtt_client, mqtt_server)。

    (2) connect：連接 MQTT 伺服器，回傳 True 表示已連線，例如：client.connect()。

    (3) subscribe：訂閱 MQTT 主題，引數為主題，例如：client.subscribe(topic)。

(4) publish：發布 MQTT 訊息，4 個引數分別為主題、訊息、retain、qos，後 2 個為關鍵詞引數，可以忽略；其中 retain 預設 False，若設為 True，保留最近一筆訊息，qos 預設 0，例如：client.publish(topic, message)。

(5) is_conn_issue：若回傳錯誤訊息，呼叫 reconnect 再連接 MQTT 伺服器。

(6) set_callback：設定回呼函式（callback_function），接收到 MQTT 伺服器轉傳來的訊息時，執行回呼函式，例如：client.set_callback(receive_command)，回呼函式需有 4 個引數：主題、訊息、retain、dup，後 2 個雖然沒用到，仍須維持 4 個引數格式。

🛜 伺服器設在個人電腦或筆電

個人電腦或筆電為伺服器、訂閱者與發布者，ESP32 為訂閱者與發布者，關係如圖 6.3。

圖 6.3　個人電腦或筆電為伺服器

本書採用「mosquitto」MQTT 伺服器，它是根據 MQTT 通訊協定 3.1 與 3.1.1 版實作的輕量型開源訊息伺服器（open source message broker），從低功率單板機到伺服器的裝置均適用。（https://mosquitto.org/）

1. 安裝 mosquitto：安裝在個人電腦或筆電，作業系統為 Windows 10。註：mosquitto 比蚊子（mosquito）多 1 個 t。

(1) 下載安裝檔案：https://mosquitto.org/files/binary/win64/mosquitto-1.5.8-install-windows-x64.exe。註：此為 64 位元版本，亦有 32 位元可供下載。

(2) 執行安裝：安裝目錄 C:\Program Files\mosquitto。

(3) 修改配置檔：開啟 C:\Program Files\mosquitto\mosquitto.conf，增加以下設定

```
allow_anonymous true
protocol mqtt
listener 1883
```

分別為非本機也可連線、mqtt 通訊協定、埠號 1883 的設定。註：未正確設定，將無法連上 MQTT 伺服器。

(4) 新增路徑：如果要在任何目錄下執行 MQTT 指令，就必須新增環境變數。進入「Windows 設定」>「系統」>「關於」>「進階系統設定」>「環境變數」，編輯「使用者變數」Path，新增 C:\Program Files\mosquitto，如圖 6.4。

圖 6.4 新增環境變數

2. 測試：利用命令提示字元測試 MQTT（視窗 1）

(1) 啟動 MQTT 伺服器

```
> mosquitto
```

(2) 訂閱訊息：先設定訂閱主題

```
> mosquitto_sub -t cmd
```

(3) 發布訊息：打開另一個「命令提示字元」視窗，發布主題、訊息

```
> mosquitto_pub -t cmd -m 1
```

執行結果

視窗 1 顯示 1。

3. 運用 **ESP32** 訂閱主題

利用 ESP32 連上桌上型電腦或筆電 MQTT 伺服器，訂閱 cmd 主題，測試 MQTT 通訊。進入 MQTT 訊息傳輸前，先確認 ESP32 已連上無線網路。

例題 6.2

ESP32 設紅色與綠色 LED，在筆電端下指令控制 LED。筆電為 MQTT 伺服器、發布者，ESP32 為指令訂閱者。筆電發布指令訊息，主題 'cmd'，負載分別有

- '1'：紅色 LED 亮
- '2'：綠色 LED 亮
- '3'：兩個 LED 亮
- '0'：所有 LED 暗

ESP32 完成指令請求的動作後，回傳訊息的主題為 'ack'，根據 LED 狀態，負載為 'OK 1'、'OK 2'、'OK 3'、'OK 0'、'Nothing'。

電路布置

ESP32 的 GPIO18 接紅色 LED，GPIO5 接綠色 LED，後面分別接 330Ω、GND。

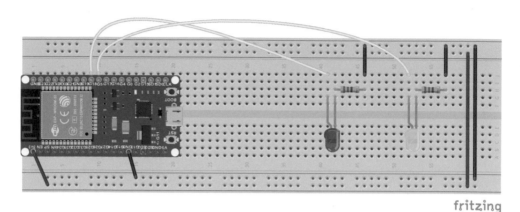

圖 6.5　MQTT 指令控制電路

範例程式

啟動 Thonny Python IDE，先執行 **boot.py**，確定聯網成功。

❶ 匯入 machine 的 Pin 與 MQTTClient。

❷ 建立 Pin 物件：名稱分別為 led_red 與 led_green。

❸ 建立 MQTTClient 物件：名稱 client，用戶識別碼 mqtt_client = 'LedControl'，
　 MQTT 伺服器 mqtt_server = '192.168.0.174'（請查詢你的電腦 IP）。

❹ 連接 MQTT 伺服器：client.connect() 連至 MQTT 伺服器。確認連接成功

```
while client.is_conn_issue():
    client.reconnect()
```

❺ 訂閱、發布訊息：訂閱主題 topic_subscribe = 'cmd'，發布主題 topic_
publish = 'ack'。收到訂閱訊息，執行回呼函式 receive_command，將
收到訊息轉為 UTF-8 編碼格式；根據 msg 控制 led_red 與 led_green，
執行完畢後發布訊息。'utf-8' 為 8 位元萬國碼轉換格式（8-bit Unicode
Transformation Format），可以表示 Unicode 標準中的任何字元，避免產生
亂碼。

❻ 設定回呼函式：client.set_callback(receive_command)

❼ 主程式：檢查訊息 client.check_msg()。

```python
from machine import Pin
from umqtt.robust2 import MQTTClient

mqtt_server = '192.168.0.174'
mqtt_client = 'LedControl'
led_red_pin = 18
led_green_pin = 5
topic_subscribe = 'cmd'
topic_publish = 'ack'

def receive_command(topic, msg, retain, dup):
    topic = topic.decode('utf-8')
    msg = msg.decode('utf-8')
    print('Message received->' + str(topic) + ': ' + str(msg))
    if str(msg) == '1':
        led_red.value(1)
        led_green.value(0)
        msg = 'OK 1'
    elif str(msg) == '2':
        led_red.value(0)
        led_green.value(1)
        msg = 'OK 2'
    elif str(msg) == '3':
        led_red.value(1)
        led_green.value(1)
        msg = 'OK 3'
    elif str(msg) == '0':
        led_red.value(0)
        led_green.value(0)
        msg = 'OK 0'
    else:
        led_red.value(0)
        led_green.value(0)
        msg = 'Nothing'
```

```
    client.publish(topic_publish, msg)

client = MQTTClient(mqtt_client, mqtt_server)
client.connect()
while client.is_conn_issue():
    client.reconnect()

led_red = Pin(led_red_pin, Pin.OUT)
led_green = Pin(led_green_pin, Pin.OUT)
led_red.value(1)
led_green.value(1)
client.set_callback(receive_command)
client.subscribe(topic_subscribe)

try:
    while True:
        client.check_msg()
except OSError:
    print('Failed in mqtt!')
except KeyboardInterrupt:
    print('Exit now!')
finally:
    client.disconnect()
    esp32.disconnect()
```

執行結果

ESP32 等候 MQTT 伺服器傳訊息，筆電開啟「命令提示字元」視窗訂閱訊息主題（視窗 1）

```
> mosquitto_sub -t ack
```

再開啟另一「命令提示字元」視窗，發布指令訊息

❶ 紅色 LED 亮

```
> mosquitto_pub -t cmd -m 1
```

視窗 1 顯示：OK 1

❷ 綠色 LED 亮

```
> mosquitto_pub -t cmd -m 2
```

視窗 1 顯示：OK 2

❸ 兩個 LED 亮

```
> mosquitto_pub -t cmd -m 3
```

視窗 1 顯示：OK 3

❹ 兩個 LED 暗

```
> mosquitto_pub -t cmd -m 0
```

視窗 1 顯示：OK 0

🛜 伺服器設在樹莓派

樹莓派兼具伺服器、發布者與訂閱者身分，ESP32 為發布者與訂閱者，關係如圖 6.6。

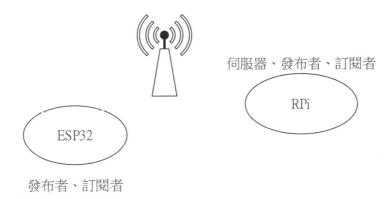

圖 6.6　樹莓派為伺服器

樹莓派需要安裝「mosquitto」MQTT 伺服器。

1. 安裝 **mosquitto**

```
$ sudo apt install mosquitto mosquitto-clients
```

新增配置檔 /etc/mosquitto/conf.d/pi.conf，內容與 Windows 作業系統相同

```
allow_anonymous true
protocol mqtt
listener 1883
```

分別為非本機也可連線、mqtt 通訊協定、埠號 1883 的設定。pi.conf 位於 conf.d 目錄，在此目錄下只要副檔名為 conf，都會被載入。

2. 查看伺服器狀態：確認 MQTT 伺服器是否已啟動

`$ service mosquitto status`

圖 6.7 顯示 active（running）表示 MQTT 伺服器已啟動。

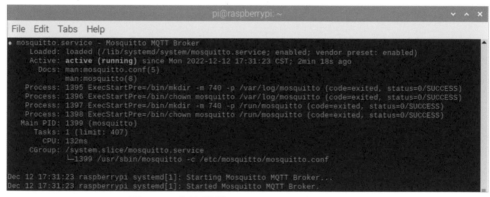

圖 6.7　查詢樹莓派 mosquitto 伺服器狀態

3. 測試：利用「終端機」發布與訂閱指令測試 MQTT，情況類似「伺服器設在個人電腦或筆電」

(1) 啟動 MQTT 伺服器：開啟「終端機」（視窗 1）

`$ sudo service mosquitto start`

註：安裝時設成「開機啟動伺服器」，毋須另外啟動。

停用 MQTT 伺服器指令

`$ sudo service mosquitto stop`

(2) 訂閱訊息：訂閱主題為 ack

```
$ mosquitto_sub -t ack
```

(3) 發布訊息：打開另一個「終端機」視窗，發布主題為 cmd 的訊息

```
$ mosquitto_pub -t cmd -m 1
```

視窗 1 顯示：1。

例題 6.3

將例題 6.2 的 MQTT 伺服器設在樹莓派，樹莓派發布指令，控制紅色、綠色 LED。

電路布置

與例題 6.2 相同。

範例程式

ESP32 部分與例題 6.2 大致相同，只需更改 mqtt server 為樹莓派網址。樹莓派 開啟「終端機」（視窗 1），訂閱訊息主題

```
$ mosquitto_sub -t ack
```

開啟另一「終端機」發布指令訊息

❶ 紅色 LED 亮

```
$ mosquitto_pub -t cmd -m 1
```

視窗 1 顯示：OK 1

❷ 綠色 LED 亮

```
$ mosquitto_pub -t cmd -m 2
```

視窗 1 顯示：OK 2

❸ 兩個 LED 亮

```
$ mosquitto_pub -t cmd -m 3
```

視窗 1 顯示：OK 3

❹ 兩個 LED 暗

```
$ mosquitto_pub -t cmd -m 0
```

視窗 1 顯示：OK 0

6.3 ThingSpeak 雲端伺服器之應用

網路世界裡有不少網站提供雲端伺服器（cloud server）的服務，例如：
ThingSpeak、Heroku、Google Cloud 等，可作為網路運算、儲存空間、資料讀
寫 等用途；它們是有限額的免費，其中 ThingSpeak 可以作為 MQTT 伺服器。
ThingSpeak 除作為 MQTT 伺服器外，還可以分析、顯示所發布的資料，或根
據設定傳遞警示。利用雲端伺服器進行 MQTT 訊息傳遞，最主要的優點是不需
自行管理維護 MQTT 伺服器，而能使物聯網具備在網際網路運行的基本條件。
ThingSpeak 網址：https://thingspeak.com/ ，讀者可以電子信箱申請帳號，
ThingSpeak 供 4 個頻道、3 百萬個訊息的免費使用額度，訊息更新間隔至少需
15s。雖然資源有限，但是足夠用來學習如何運用雲端伺服器執行 MQTT 訊息傳
遞，讀者在未來的應用裡可評估實際需求再購買更多的頻道與訊息數量。本節運
用 ESP32 將溫濕度量測資料上傳至 ThingSpeak 雲端伺服器。

ThingSpeak 以頻道（channel）為應用單位，每個頻道有 8 欄位（field）。本書
將針對頻道欄位進行讀取（read）與寫入（write），這相當於 MQTT 訊息的訂閱
與發布。

登入 ThingSpeak 帳號後，新增頻道：Channels > My Channels > New Channel，
如圖 6.8，圖中已建立一個頻道 room1，後面將以這個頻道說明。

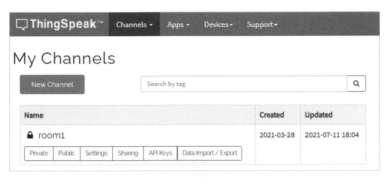

圖 6.8　ThingSpeak 雲端伺服器：My Channels

1. 頻道設定：點選 Channels > Channel Settings 頁籤，如圖 6.9，Name= room1，Description 描述頻道內容，勾選 2 個欄位：field1、field2，名稱分別為 temp、humi。Channel ID 為唯一頻道識別碼，用在 MQTT 通訊的主題設定，本頻道 Channel ID=1341577。

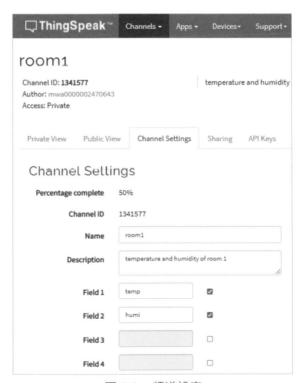

圖 6.9　頻道設定

2. 設定 **MQTT** 裝置：點擊 Devices 頁籤 > MQTT，點擊「Add a new device」，
    新增 MQTT 裝置，如圖 6.10

    ◆ Device information

        ➢ Name：輸入名稱 esp32-1

        ➢ Description：簡單描述裝置用途

    ◆ Authorize channels to access：設定可使用頻道，本例使用前面建立的
      room1 頻道

    分別按下「Add Channel」、「Add Device」後完成 MQTT 裝置設定，系統產生
    Client ID、Username、Password，如圖 6.11，點擊「Download Credentials」
    下載檔案存放在特定目錄備用。

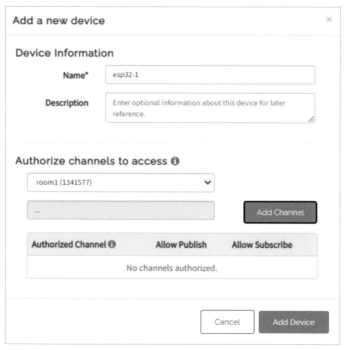

圖 6.10　新增 MQTT 裝置

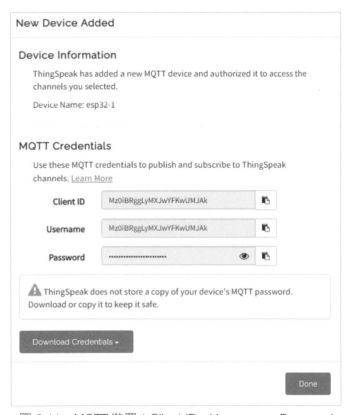

圖 6.11　MQTT 裝置：Client ID、Username、Password

3. **連接 MQTT**：ThingSpeak 雲端 MQTT 伺服器 mqtt_server = 'mqtt3.thingspeak. com'，clientID、mqttUserName、mqttPass 於前一個步驟建立 MQTT 裝置時取得，運用 MQTTClient（clientID, mqtt_server, port=1883, user=mqttUserName, password=mqttPass）連接。

4. **發布主題**：本例 channel_id = '1341577'，主題字串 'channels/' + channel_id + '/publish'；訊息內容以溫度值為 25.0、濕度值為 78.5 為例，訊息內容為 'field1=25.0&field2=78.5&status=MQTTPUBLISH'。

5. **訂閱主題**：本例 channel_id = '1341577'，主題字串 'channels/' + channel_id + '/subscribe/fields/+'，「+」表示訂閱該頻道的所有欄位，即只要 ESP32

發布溫濕度值,更新 ThingSpeak 頻道的 field1、field2 值,ESP32 就會收到訊息。

6. 圖表:點選圖 6.9 之 Private View > Add Visualizations,將上傳資料以圖形呈現出來。

ThingSpeak MQTT 應用相關資料,請參考:https://www.mathworks.com/help/thingspeak/mqtt-basics.html。

例題 6.4

ESP32 裝設 DHT22 溫濕度感測模組,溫濕度資料上傳至 ThingSpeak 雲端 MQTT 伺服器,同時 ESP32 訂閱溫濕度資料。

電路布置

溫濕度感測模組 DHT22 訊號線接至 GPIO5,請參考圖 5.12。

範例程式

啟動 Thonny Python IDE,先執行 **boot.py**,確定聯網成功。

❶ 匯入 machine 的 Pin、MQTTClient、utime 的 sleep、與 dht 模組。

❷ 建立 dht 物件:名稱 sensor。

❸ 建立 MQTTClient 物件 client1、連上 MQTT 伺服器:

◆ client1 = MQTTClient(clientID, mqtt_server, port=1883, user=mqttUserName, password=mqttPass)

◆ client1.connect()

❹ 訂閱、發布訊息:訂閱主題 topic_sub,發布主題 topic_pub。收到訂閱訊息,執行回呼函式 receive_message,根據 msg 顯示欄位訊息,呼叫 decode 函式將訊息轉為 UTF-8 編碼格式。

❺ 設定回呼函式:client.set_callback(receive_message)。

❻ 主程式：每一迴圈量測溫濕度，發布溫度值、濕度值，檢查訊息

◆ 量測溫濕度：sensor.measure()

◆ 發布溫濕度值：client1.publish(topic_pub, msg_to_send)

◆ 檢查訊息：client1.check_msg()

```python
from machine import Pin
from umqtt.robust2 import MQTTClient
from utime import sleep
import dht
mqtt_server = 'mqtt3.thingspeak.com'
channel_id = '1341577'
mqttUserName = 'ur_mqttUserName'
clientID = 'ur_clientID'
mqttPass = 'ur_mqttPass'

def receive_message(topic, msg, retain, dup):
    topic = topic.decode('utf-8')
    msg = msg.decode('utf-8')
    print('Message received->' + str(topic) + ': ' + str(msg))

topic_pub = 'channels/' + channel_id + '/publish'
topic_sub = 'channels/' + channel_id + '/subscribe/fields/+'
client1 = MQTTClient(clientID, mqtt_server, port=1883,
user=mqttUserName, password=mqttPass)
client1.connect()
client1.set_callback(receive_message)

while client1.is_conn_issue():
    client1.reconnect()

client1.subscribe(topic_sub)
sensor = dht.DHT22(Pin(5))
try:
    while True:
        sensor.measure()
        sleep(1)
        msg_to_send = 'field1=' + str(sensor.temperature())
        msg_to_send += '&field2=' + str(sensor.humidity())
```

```
        msg_to_send += '&status=MQTTPUBLISH'
        client1.publish(topic_pub, msg_to_send)
        sleep(15)
        client1.check_msg()
except OSError:
    print('Failed in mqtt!')
except KeyboardInterrupt:
    print('Exit now!')
finally:
    client1.disconnect()
    esp32.disconnect()
```

執行結果

如圖 6.12，(a) 為 ESP32 接收到所訂閱的訊息，(b) 為 ThingSpeak 圖表，溫度與濕度在短時間的變化不大。

```
Shell ✕
Message received->channels/1341577/subscribe/fields/field1: 22.9
Message received->channels/1341577/subscribe/fields/field2: 91.50001
Message received->channels/1341577/subscribe/fields/field1: 22.8
Message received->channels/1341577/subscribe/fields/field2: 91.50001
Message received->channels/1341577/subscribe/fields/field1: 22.8
Message received->channels/1341577/subscribe/fields/field2: 91.4
Message received->channels/1341577/subscribe/fields/field1: 22.8
Message received->channels/1341577/subscribe/fields/field2: 91.50001
Message received->channels/1341577/subscribe/fields/field1: 22.8
Message received->channels/1341577/subscribe/fields/field2: 91.4
Message received->channels/1341577/subscribe/fields/field1: 22.8
Message received->channels/1341577/subscribe/fields/field2: 91.4
```

(a) Shell 顯示 ESP32 訂閱訊息

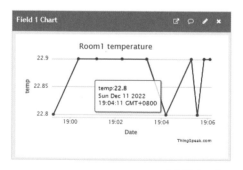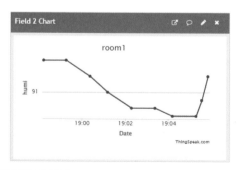

(b) ThingSpeak 網頁顯示圖表

圖 6.12　ESP32 量測溫濕度上傳 ThingSpeak 情形

6.4 藍牙低功耗通訊

「藍牙低功耗」（BLE）為「藍牙技術聯盟」（Bluetooth Special Interest Group；Bluetooth SIG）發展的個人區域網路技術，應用於行動裝置，例如：智慧型手機、智慧手環、或耳機等之間的通訊，低功耗、低成本是主要特色。使用 BLE 通訊，毋須支付網路使用費，即可具備無線通訊的功能，傳輸距離甚至達 100m。對於只需要在小區域建立物聯網，資料傳輸量少的應用場合，BLE 具有相當大的優勢。有關 BLE 的內容相當多，也相當專業，本書僅使用其中一小部分技術，因此只針對相關部分說明，對其他內容有興趣的讀者請另覓專書研讀。

🛜 ESP32 vs 智慧型手機

BLE 通訊中，ESP32 主要用來感測訊號或控制其他設備，而智慧型手機可以發出請求讀取 ESP32 發出的訊號或對它下指令，兩者的關係

■ ESP32 vs 智慧型手機 ⇔ 伺服器（server）vs 用戶端（client）

同時，智慧型手機可以連上多個 ESP32，例如：一個 ESP32 負責量測溫濕度，另一個負責控制電燈等，ESP32 只是環繞在智慧型手機周圍眾多裝置之一，兩者的關係可視為

■ ESP32 vs 智慧型手機 ⇔ 周邊裝置（peripheral）vs 中心裝置（central）

每個 BLE 裝置都有一個唯一的媒體存取控制位址（Media Access Control Address；MAC Address）用來確認它的身分。

BLE 通訊開始時，ESP32 會持續進行「服務廣告」，讓鄰近 BLE 裝置（中心裝置）知道它的存在並連結，一旦連上，ESP32 將停止廣告，而且為該中心裝置所專屬。

（參考資料：https://learn.adafruit.com/introduction-to-bluetooth-low-energy/gap）

🛜 GATT

GATT 是 Generic ATTribute Profile 的首字母縮略詞，翻譯為「通用屬性配置文件」。當 ESP32 與智慧型手機配對連接後，是根據 GATT 定義的方式進行 BLE 通訊，而 GATT 利用「服務」（service）與「特徵」（characteristic）的概念來定義兩個裝置資料傳送的方式，根據 3 階層的資料結構（Profiles、Services、Characteristics）處理資料。

■ Profiles：配置文件，它是預先定義的「服務」集合（由 Bluetooth SIG 或周邊裝置製造商編撰而成），實際並未存在 BLE 裝置裡

■ Services：「服務」是多個「特徵」的組合，每一個「服務」有一個「通用唯一辨識碼」（Universally Unique Identifier；UUID）

■ Characteristics：「特徵」，通訊資料的封裝，每一個「特徵」也有 UUID（不同於「服務」UUID），另外可設記載特徵性質的描述符（descriptor）

（參考資料：https://learn.adafruit.com/introduction-to-bluetooth-low-energy/gatt）

在 BLE 應用裡，「服務」與「特徵」UUID 的設定是重點。UUID 分長碼與短碼，長碼為 128-bit，由 32 個 0 ～ F（十六進位數字）組成字串，短碼為 16-bit 整數。Bluetooth SIG 預留一定範圍的 UUID 用於標準屬性。BLE 通訊的應用程式（APP），通常使用預設標準的 UUID 作為資料讀寫的依據，例如：智慧型手機與 ESP32 進行 BLE 通訊，利用串列傳輸（UART）介面，預設的 UART 服務 UUID（Nordic UART Service UUID；NUS UUID）為

■ 「服務」：'6E400001-B5A3-F393-E0A9-E50E24DCCA9E'

■ 「RX 特徵」：'6E400002-B5A3-F393-E0A9-E50E24DCCA9E'

■ 「TX 特徵」：'6E400003-B5A3-F393-E0A9-E50E24DCCA9E'

我們也可以自行訂 16-bit 的短碼 UUID，以 16 進位數表示，例如

■ 「服務」：0x2908

■ 「RX 特徵」：0x2909

■ 「TX 特徵」：0x290A

這些 UUID 將在下一個例題中用到。

另外,亦有網站提供以隨機方式產生長碼 UUID 的服務。

(參考資料:https://developer.nordicsemi.com/nRF_Connect_SDK/doc/1.4.0/nrf/include/bluetooth/services/nus.html)

MicroPython 提 供 BLE 模 組 ubluetooth,可 以 應 用 於 ESP32 的 BLE 通 訊。ubluetooth 模組詳細資訊請參考 https://docs.micropython.org/en/latest/library/ubluetooth.html 。

1. 匯入模組

    (1) ubluetooth 模組:import ubluetooth。

    (2) ble_advertising 模 組:from ble_advertising import advertising_payload。
         (請至 https://github.com/micropython/micropython/blob/master/examples/bluetooth/ble_advertising.py 下載,並將模組儲存在 ESP32)

2. **ubluetooth**、**ble_advertising** 相關類別、函式

    (1) BLE 類別:用於建立 BLE 物件。

    (2) BLE.config('mac'):查詢 BLE 裝置 MAC。

    (3) BLE.active(True):啟用 BLE 裝置。

    (4) UUID 類別:用於建立 UUID 物件,第 1 引數為 128-bit UUID 字串或 16-bit 整數,第 2 引數為旗標,有寫入旗標 FLAG_WRITE、讀取旗標 FLAG_READ、通知旗標 FLAG_NOTIFY。

    (5) BLE.gatts_register_services:註冊服務,引數為服務與特徵的 UUID。

    (6) BLE.irq:中斷事件處理函式,例如:當特徵被寫入時觸發中斷。我們的應用只有當 GATT 服務中「RX 特徵」被寫入時觸發中斷,此中斷事件編號為 3(_IRQ_GATTS_WRITE);其餘的中斷事件編號請參考 ubluetooth 使用說明文件。

    (7) BLE.gap_advertise:廣告服務,讓鄰近 BLE 裝置知道所提供的服務,第 1 個引數為每廣播一次的間隔時間,單位為 μs,第 2 個引數為廣播內容。

(8) advertising_payload：ble_advertising 模組的函式，用於製作 BLE 通訊的廣告內容；主要廣告內容為 BLE 裝置名稱，利用關鍵詞引數將名稱傳入函式，例如：name='room1'。

利用 ubluetooth 模組規劃 ESP32 與智慧型手機進行 BLE 通訊的運作情形如圖 6.13。

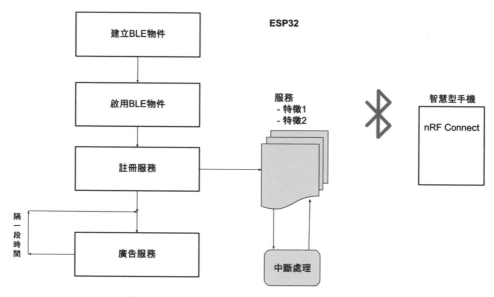

圖 6.13　ESP32 與智慧型手機進行 BLE 通訊

例題 6.5

兩個房間 room1 與 room2，room1 的 ESP32 裝設 DHT22 溫濕度感測模組，room2 的 ESP32 裝設 DHT11 溫濕度感測模組，與智慧型手機建立 BLE 通訊，利用手機 APP 讀取溫濕度、控制 ESP32 內建 LED。註：筆者使用 Android APP：nRF Connect for Mobile（Nordic Semiconductor ASA 公司產品），本例題所附的截圖均為執行過程中取得。請讀者至 Google Play 下載安裝。讀者若使用 iPhone 手機，請至 App Store 下載 nRF Connect for Mobile，它的操作方式雷同，不再重複。

電路布置

溫濕度感測模組 DHT11、DHT22 訊號線接至 GPIO5，請參考圖 5.12。

範例程式

本例題 ESP32 為伺服器，智慧型手機為用戶端，程式主要根據 https://github.com/2black0/MicroPython-ESP32-BLE 改寫而成；room1 與 room2 的 ESP32 程式僅服務與特徵的 UUID 不同。

room1 的 **ESP32** 程式

❶ 匯入 machine 的 Pin、utime 的 sleep、ubluetooth、micropython 的 const、與 dht 模組。ubluetooth 別名 ubl。

❷ 設定中斷事件號碼：_IRQ_GATTS_WRITE = const(3)。

❸ 建立 dht 物件：名稱 sensor。

❹ 建立 BlueTooth_LE 物件：名稱 room1。

❺ register 函式：先建立 UUID 物件，使用 Nordic UART Service 預設的 UUID 字串，再完成註冊服務，包括

◆ 建立「服務」UUID 物件：引數為服務 UUID 字串

◆ 建立「RX 特徵」UUID 物件：名稱 exp32_RX，第 1 引數為特徵 UUID 字串，第 2 引數為 FLAG_WRITE，該特徵供智慧型手機寫入資料

◆ 建立「TX 特徵」UUID 物件：名稱 exp32_TX，第 1 引數為特徵 UUID 字串，第 2 引數為 FLAG_READ 或 FLAG_NOTIFY，該特徵供智慧型手機讀取資料或通知

◆ 組成 UART 服務：將服務與 2 個特徵的 UUID 組成 tuple，esp32_UART = (esp32_service, (esp32_TX, esp32_RX,))。本例僅一個服務，services = (esp32_UART,)

◆ 註冊服務：呼叫 gatts_register_services(services)，回傳 2 個 handle：tx、rx，分別指向「TX 特徵」與「RX 特徵」

❻ 回呼函式 irq：觸發中斷事件函式，本例為「RX 特徵」被寫入資料（即串列埠 RX 接收到資料），中斷事件號碼為 _IRQ_GATTS_WRITE。gatts_read 讀取「RX 特徵」，根據智慧型手機的指令傳遞資料與控制開關，4 種指令

◆ 'on'：LED 亮

◆ 'off'：LED 暗

◆ 'temp'：傳送溫度值

◆ 'humi'：傳送濕度值

❼ advertising_payload：製作廣告內容函式，引數為 name='room1'。

❽ advertise：廣告服務函式，呼叫 gat_advertise()，第 1 引數為廣告間隔時間，第 2 引數為記載裝置名稱的廣告內容。

❾ send()：呼叫 gatts_notify() 傳送資料，引數為傳送字串。

```python
from machine import Pin
from utime import sleep
import ubluetooth as ubl
from micropython import const
from ble_advertising import advertising_payload
import dht

_IRQ_GATTS_WRITE = const(3)
sensor = dht.DHT22(Pin(5, Pin.IN, Pin.PULL_UP))

class BlueTooth_LE():
    def __init__(self, name):
        self.name = name
        self.ble = ubl.BLE()
        self.ble.active(True)
        self.ble.irq(self.irq)
        self.register()
        self.advertise()
    def irq(self, event, data):
        if event == _IRQ_GATTS_WRITE:
            '''New message received'''
            buffer = self.ble.gatts_read(self.rx)
            message = buffer.decode('UTF-8').strip()
            print(message)
```

```
            if message == 'on':
                switch1.value(1)
                print('switch on')
                self.send('switch on')
            if message == 'off':
                switch1.value(0)
                print('switch off')
                self.send('switch off')
            if message == 'temp':
                sensor.measure()
                sleep(1)
                response = 'Temperature = ' + str(sensor.temperature())
                print(response)
                self.send(response)
            if message == 'humi':
                sensor.measure()
                sleep(1)
                response = 'Humidity = ' + str(sensor.humidity())
                print(response)
                self.send(response)
    def register(self):
        # Nordic UART Service
        service_UUID = '6E400001-B5A3-F393-E0A9-E50E24DCCA9E'
        RX_UUID = '6E400002-B5A3-F393-E0A9-E50E24DCCA9E'
        TX_UUID = '6E400003-B5A3-F393-E0A9-E50E24DCCA9E'

        esp32_service = ubl.UUID(service_UUID)
        esp32_RX = (ubl.UUID(RX_UUID), ubl.FLAG_WRITE,)
        esp32_TX = (ubl.UUID(TX_UUID), ubl.FLAG_READ | ubl.FLAG_NOTIFY,)
        esp32_UART = (esp32_service, (esp32_TX, esp32_RX,))
        services = (esp32_UART, )
        ((self.tx, self.rx,), ) = self.ble.gatts_register_services(services)
    def send(self, data):
        self.ble.gatts_notify(0, self.tx, data + '\n')
    def advertise(self):
        self.ble.gap_advertise(100, advertising_payload(name=self.name))

switch1 = Pin(2, Pin.OUT)
room1 = BlueTooth_LE('room1')
```

room2 使用 DHT11 溫濕度感測模組,「服務」、「RX 特徵」與「TX 特徵」的 UUID 使用 16-bit 整數,僅列出與 room1 不同處。

```
.....
sensor = dht.DHT11(Pin(5, Pin.IN, Pin.PULL_UP))
.....
def register(self):
        service_UUID = 0x2908
        RX_UUID = 0x2909
        TX_UUID = 0x290A
        ......
```

BLE 裝置名稱

```
ble = BlueTooth_LE('room2')
```

智慧型手機監控 2 個 ESP32

首先將程式儲存為 main.py 上傳至 ESP32，按重置鍵。智慧型手機：執行 nRF Connect ＞ SCAN 掃描鄰近 BLE 裝置，可看到 room1 與 room2 兩個裝置，如圖 6.14；若未見裝置出現，再按重置鍵。

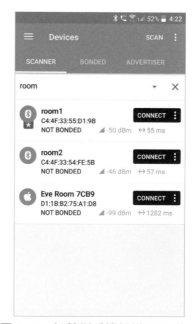

圖 6.14　智慧型手機掃描 BLE 裝置

❶ 在 room1 項下按 CONNECT，可以看到所提供的服務與 TX、RX 特徵 UUID，如圖 6.15，為 Nordic UART Service 預設 UUID。

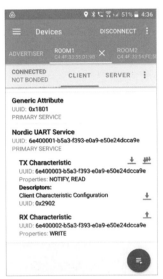

圖 6.15　智慧型手機連上 ESP32：room1

❷ 按下 RX 特徵右邊向上箭頭圖塊即可輸入指令：on、off、temp、humi，按 SEND 即送出，如圖 6.16。

圖 6.16　輸入指令視窗：room1

❸ 在 RX 特徵輸入 on，在 TX 特徵顯示 ESP32 回應：switch on，如圖 6.17。

圖 6.17　on 指令：room1

❹ 在 RX 特徵輸入 off，在 TX 特徵顯示 ESP32 回應：switch off，如圖 6.18。

圖 6.18　off 指令：room1

❺ 在 RX 特徵輸入 temp，在 TX 特徵顯示 ESP32 回應溫度值：Temperature = 28.3，如圖 6.19。

圖 6.19　temp 指令：room1

❻ 在 RX 特徵輸入 humi，在 TX 特徵顯示 ESP32 回應濕度值：Humidity = 93.6，如圖 6.20。

圖 6.20　humi 指令：room1

連上 room2，由於它的服務與特徵 UUID 非預設的 UUID，出現 Unknown Service
與 Unknown Characteristic，如圖 6.21，但仍能正常通訊；只是下指令時，要切
換至文字格式 TEXT，如圖 6.22。

圖 6.21　智慧型手機連上 ESP32：room2

圖 6.22　指令輸入視窗：room2

在 RX 特徵（UUID: 0x2909）輸入 on 指令，TX 特徵（UUID: 0x290A）回應：
（0x）73-77-69-74-63-68-20-6F-6E-0A，對照 ASCII 碼，回應訊息為 switch
on，如圖 6.23。

圖 6.23　on 指令：room2

本 章 習 題

6.1 MQTT 伺服器、訊息訂閱者設在筆電，ESP32 為訊息發布者。ESP32 利用
光敏電阻（CdS 5mm，CD5592）量測房間照度（參考例題 5.5 接線），以
MQTT 方式發布訊息，主題為 "photoresistor"，負載為光敏電阻值，筆電利
用「命令提示字元」訂閱訊息，將所獲得的光敏電阻值顯示在視窗。註：
請確認光敏電阻值與照度相關性，以備進一步應用。

6.2 將習題 6.1 筆電改為樹莓派，執行「終端機」訂閱訊息，將所獲得光敏電
阻值顯示在視窗。

6.3 將習題 6.2 利用「終端機」訂閱訊息的方式，改由執行 Python 程式達成，
每間隔 10s 提出請求 ESP32 量測光敏電阻值，樹莓派獲得訂閱訊息後顯示
光敏電阻值。

6.4 MQTT 伺服器設在樹莓派，ESP32 設繼電器模組控制 1 盞電燈開關，開始
先關掉電燈，樹莓派設 1 個按壓開關，按下開關，隨即鬆手，打開電燈，
再按，關掉電燈。按下開關時，發布訊息主題為 "light"，原本關掉的電燈
打開，負載為 "1"，原本打開的電燈關掉，負載為 "0"。ESP32 完成指令動
作後，發布訊息主題為 "ack"，打開電燈，負載為 "turn on"，關掉電燈，負
載為 "turn off"。註：使用低準位觸發繼電器模組。

6.5 將習題 6.4 改以 BLE 通訊。

PART Ⅲ 樹莓派與 ESP32

07
CHAPTER

樹莓派與
ESP32 的結合

7.1 MQTT 通訊方式
7.2 BLE 通訊方式

本章將結合樹莓派與 ESP32，透過「MQTT」與「BLE」通訊建立實用的物聯網。MQTT 通訊部分，樹莓派不只可以在「終端機」發布或訂閱指令訊息，也可以 Python 程式進行相同的作業；BLE 通訊部分，它是樹莓派另一個重要的功能，在這一章我們會善加運用。

7.1 MQTT 通訊方式

前一章 ESP32 與樹莓派已初步結合，我們直接在「終端機」視窗下指令進行簡單的 LED 控制。本節透過 Python 程式對 ESP32 進行量測訊號讀取與繼電器控制，從此兩者將整合成一個系統。

撰寫 MQTT 通訊的 Python 程式，需應用 MQTT Python 函式庫，安裝指令

```
$ pip3 install paho-mqtt
```

1. 匯入 **paho.mqtt.client** 模組：import paho.mqtt.client。

2. **paho.mqtt.client** 相關類別、函式

    (1) Client 類別：用於建立 Client 物件，例如：RPi_client = paho.mqtt.client.Client()。

    (2) connect：連 MQTT 伺服器函式，第 1 引數 MQTT 伺服器 IP（即樹莓派 IP），第 2 引數 port 埠號，預設 1883，第 3 引數維持與伺服器溝通最長秒數，例如：RPi_client.connect（'192.168.0.176', 1883, 60）。

    (3) 設定回呼函式：

    ● 連接伺服器時呼叫，例如：RPi_client.on_connect = on_connect

    ● 收到訂閱訊息時呼叫，例如：RPi_client.on_message = on_message

    雖然使用名稱相同，前者為屬性，後者為函式名稱。

(4) on_connect：4 個引數分別為 client、userdata、flags、rc，若只用到 client 引數，仍要維持 4 個引數形式

(5) on_message：3 個引數分別為 client、userdata、message，通常會用到 client 與 message，仍要維持 3 個引數形式。

(6) publish：發布訊息函式，第 1 引數為主題，第 2 引數為訊息。

(7) subscribe：訂閱訊息函式，引數為主題。

(8) 網路迴圈相關函式

- loop：每間隔一段時間處理網路事件（即 MQTT 通訊），預設時間 1s，若需另設時間，不要超過 connect 函式所設定的時間（預設 60s）

- loop_start：產生新執行緒（thread）處理網路事件，內部會呼叫 loop，若有其他中斷事件需處理，應使用這個函式

- loop_stop：停止處理網路事件的執行緒

- loop_forever()：停駐在 MQTT 通訊迴圈直到 MQTT 伺服器連線中斷

（參考資料：https://pypi.org/project/paho-mqtt/ ）

例題 7.1

將例題 6.3 原本在「終端機」視窗下指令，改由執行 Python 程式達成，發布訊息主題 'cmd'，負載 '0'、'1'、'2'、或 '3'，以隨機方式產生負載，LED 運作方式與例題 6.3 相同。ESP32 接到指令，除執行 LED 控制外，也發布訊息

- 主題為 'ack'

- 負載為 'OK 0'、'OK 1'、'OK 2'、或 'OK 3'

樹莓派接到主題 'ack' 的訊息，才會發布下一個指令。

電路布置

與例題 6.2 相同。

範例程式

ESP32 部分：與例題 6.2 相同，請確認 MQTT 伺服器 IP（MQTT 伺服器設在樹莓派）。

樹莓派部分

❶ 匯入 paho.mqtt.client、random、time 模組。

❷ 建立 mqtt.Client 物件：名稱 RPi_client。

❸ 連結 MQTT 伺服器，伺服器設在樹莓派，RPi_client.connect('192.168. 0.176', 1883, 60)。

❹ 連上 MQTT 伺服器呼叫回呼函式 on_connect，訂閱訊息 client.subscribe（'ack'）。

❺ 接收到訊息呼叫回呼函式 on_message，顯示回傳訊息，產生隨機整數，random.randint 回傳介於 0～3 隨機整數（包含 0 或 3），發布指令訊息 client.publish('cmd', str(str1))。

❻ 傳遞訊息迴圈：本例題只單純進行 MQTT 通訊，使用 RPi_client.loop_forever()。

```python
import paho.mqtt.client as mqtt
import random
import time

def on_connect(client, userdata, flags, rc):
    client.subscribe('ack')

def on_message(client, userdata, msg):
    msg.payload = msg.payload.decode('utf-8')
    print(str(msg.topic) + ' ' + str(msg.payload))
    str1 = random.randint(0, 3)
    time.sleep(1)
    client.publish('cmd', str(str1))
```

```
try:
    RPi_client = mqtt.Client()
    RPi_client.on_connect = on_connect
    RPi_client.on_message = on_message
    RPi_client.connect('192.168.0.176', 1883, 60)
    RPi_client.publish('cmd', '0')
    RPi_client.loop_forever()
except KeyboardInterrupt:
    RPi_client.disconnect()
    print('Exit!')
```

執行結果

先執行 ESP32 程式，再執行樹莓派程式，ESP32 依據 MQTT 訊息控制 LED 亮暗，樹莓派顯示 LED 控制情形。

接著下一個例題，利用樹莓派 GPIO 控制 ESP32。

例題 7.2

樹莓派設 2 個按壓開關：啟動（start）、停止（stop），ESP32 設繼電器模組控制直流馬達。按下「啟動」開關，馬達啟動，LED 亮；按下「停止」開關，馬達停止，LED 暗。馬達驅動螺桿，當螺桿上滑塊碰觸極限位置，馬達即刻停止運轉。樹莓派在按下開關時，發布訊息：主題 'cmd'，啟動負載為 '1'，停止負載為 '0'。ESP32 根據指令完成任務後，發布訊息：主題 'ack'，負載分別為

- 馬達啟動：'Motor on'
- 馬達停止：'Motor off'
- 螺桿上滑塊碰觸極限位置：'Touch limit switch'

註：本例題使用低準位觸發繼電器模組。

電路布置

樹莓派：GPIO4、GPIO17 接「啟動」與「停止」按壓開關、GND，均使用內部提升電阻，GPIO18 接 LED、330Ω、GND。

ESP32：GPIO19 接繼電器，GPIO5 接極限開關、GND、使用內部提升電阻，使用內建 LED(GPIO2)，Vin 接 3.3V 電源。

馬達：5V 電源線一側接繼電器 NO（常開）接點，另一側接 GND。

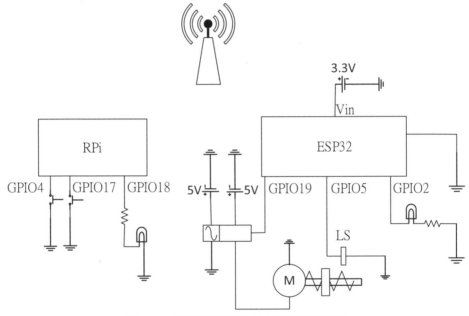

圖 7.1　樹莓派與 ESP32 控制直流馬達

範例程式

MQTT 伺服器設在樹莓派。先執行 ESP32 程式，再執行樹莓派。

ESP32 部分

啟動 Thonny Python IDE，選擇 MicroPython 直譯器編輯，將程式存在 ESP32，檔名 main.py，並確認 boot.py 聯網正常。

❶ 匯入 machine 的 Pin、utime 的 sleep、MQTTClient 模組。

❷ 建立 Pin 物件：名稱分別為 relay、led、與 LS，relay 與 led 是輸出模式、LS 是輸入模式，使用內部提升電阻。

❸ 建 立 MQTTClient 物 件、 連 MQTT 伺 服 器： 名 稱 clienl，mqtt_client = 'motorcontrol'，mqtt_server = '192.168.0.176'（請查詢你的樹莓派 IP）；client.connect() 連至 MQTT 伺服器。

❹ 訂閱訊息：主題 topic_sub = 'cmd'，收到訂閱訊息，執行回呼函式 receive_command，根據 msg 控制 relay，收到訊息先轉為 UTF-8 編碼格式。

❺ 發布訊息：主題 topic_pub = 'ack'，根據指令執行情形發布訊息。

❻ 設定回呼函式：client.set_callback（receive_command）。

❼ 主程式

◆ 檢查訊息：client.check_msg()

◆ 偵測是否碰觸到極限開關，當碰到時停止馬達運轉，並發布訊息

```
from machine import Pin
from utime import sleep
from umqtt.robust2 import MQTTClient

mqtt_server = '192.168.0.176'
mqtt_client = 'motorcontrol'
topic_sub = 'cmd'
topic_pub = 'ack'
debounce = 0
max_debounce = 500
relay_pin = 19
led_pin = 2
LS_pin = 5
relay = Pin(relay_pin, Pin.OUT)
led = Pin(led_pin, Pin.OUT)
LS = Pin(LS_pin, Pin.IN, Pin.PULL_UP)
def receive_command(topic, msg, retain, dup):
```

```python
    topic = topic.decode('utf-8')
    msg = msg.decode('utf-8')
    print('Message received->' + str(topic) + ': ' + str(msg))
    on_off = msg[0]
    if on_off == '1':
        relay.value(0)
        led.value(1)
        msg = 'Motor is on'
        client.publish(topic_pub, msg)
    elif on_off == '0':
        relay.value(1)
        led.value(0)
        msg = 'Motor is off'
        client.publish(topic_pub, msg)
    else:
        msg = 'Bad command'
        client.publish(topic_pub, msg)
client = MQTTClient(mqtt_client, mqtt_server)
client.connect()
while client.is_conn_issue():
    client.reconnect()

client.set_callback(receive_command)
client.subscribe(topic_sub)
relay.value(1.0)
led.value(0)

try:
    while True:
        if LS.value() == 0 and relay.value() == 0:
            if debounce > max_debounce:
                debounce = 0
                relay.value(1)
                led.value(0)
                msg = 'Touch limit switch'
                client.publish(topic_pub, msg)
                sleep(1)
```

```
            else:
                debounce += 1
        else:
            client.check_msg()
except OSError:
    print('Failed in mqtt!')
except KeyboardInterrupt:
    print('Exit now!')
finally:
    client.disconnect()
    esp32.disconnect()
```

樹莓派部分：使用 Python 直譯器編輯、執行程式

❶ 匯入 paho.mqtt.client、RPi.GPIO 模組。

❷ 以軟體方式確認按壓開關，利用 debounce_start、debounce_stop 累積計數值，若超過門檻值 max_debounce，確定按壓動作。

❸ 發布訊息：主題為 'cmd'，負載為 '1' 或 '0'。

❹ 訂閱訊息：主題為 'ack'。

❺ 回呼函式 on_message：顯示回傳訊息，將收到訊息轉為 UTF-8 編碼格式。

❻ 傳遞訊息迴圈：本例題除了做 MQTT 通訊，還需偵測按壓開關的狀態，所以使用 RPi_client.loop_start()。

```
import RPi.GPIO as GPIO
import paho.mqtt.client as mqtt
from time import sleep

start_pin = 4
stop_pin = 17
led_pin = 18
debounce_start = 0
debounce_stop  = 0
```

```python
max_debounce   = 100
GPIO.setmode(GPIO.BCM)
GPIO.setup(start_pin, GPIO.IN, pull_up_down=GPIO.PUD_UP)
GPIO.setup(stop_pin, GPIO.IN, pull_up_down=GPIO.PUD_UP)
GPIO.setup(led_pin, GPIO.OUT)
GPIO.output(led_pin, False)

def on_connect(client, userdata, flags, dup):
    client.subscribe('ack')

def on_message(client, userdata, msg):
    print(str(msg.topic) + ' ' + str(msg.payload.decode('utf-8')))

RPi_client = mqtt.Client()
RPi_client.on_message = on_message
RPi_client.on_connect = on_connect
RPi_client.connect('192.168.0.176', 1883, 60)
RPi_client.publish('cmd', '0')
RPi_client.loop_start()

try:
    while True:
        if GPIO.input(start_pin) == 0:
            if debounce_start > max_debounce:
                GPIO.output(led_pin, True)
                debounce_start = 0
                RPi_client.publish('cmd', '1')
                sleep(1)
                while GPIO.input(start_pin) == 0:
                    pass
            else:
                debounce_start += 1
        if GPIO.input(stop_pin) == 0:
            if debounce_stop > max_debounce:
                GPIO.output(led_pin, False)
                debounce_stop = 0
                RPi_client.publish('cmd', '0')
```

```
                sleep(1)
                while GPIO.input(stop_pin) == 0:
                    pass
            else:
                debounce_stop += 1

except KeyboardInterrupt:
    print('Exit')
finally:
    RPi_client.disconnect()
    GPIO.cleanup()
    print('Exit!')
```

執行結果

❶ 開始時馬達停止運轉。

❷ 按「啟動」按壓開關,馬達啟動。

❸ 碰觸極限開關,馬達停止運轉。

❹ 再按「啟動」按壓開關,馬達啟動。

❺ 按「停止」按壓開關,馬達停止運轉。

樹莓派收到 ESP32 回傳訊息,如圖 7.2。

```
Shell ×
Python 3.7.3 (/usr/bin/python3)
>>> %Run ex7_2_rpi.py
 ack>> Motor is off
 ack>> Motor is on
 ack>> Touch limit switch
 ack>> Motor is on
 ack>> Motor is off
```

圖 7.2 樹莓派 Python Shell 顯示執行情形

7.2 BLE 通訊方式

前一章我們利用智慧型手機與 ESP32 進行 BLE 通訊，本節以樹莓派為中心裝置，藉由 BLE 通訊與 ESP32 互相傳遞訊息，毋須連上無線網路。

首先利用樹莓派「終端機」查看本身 BLE 裝置

```
$ sudo hciconfig
```

如圖 7.3 顯示 BLE 裝置為 hci0，MAC 為 DC:A6:32:90:62:CD。

圖 7.3　樹莓派 BLE 配置

檢視藍牙狀態指令

```
$ systemctl status bluetooth
```

搜尋鄰近 BLE 裝置指令

```
$ sudo bluetoothctl （本書採用此指令）
```

或

```
$ sudo hcitool lescan
```

在撰寫程式前，執行 bluetoothctl，掃描鄰近 BLE 裝置，常用的指令有

- scan on：掃描鄰近 BLE 裝置，如圖 7.4，其中 C4:4F:33:55:D1:9B 為筆者使用的 ESP32 的 MAC，裝置名稱為 motor（註：ESP32 已經進行 BLE 通訊的服務廣告，才會出現在清單，請讀者先執行例題 7.3 的 ESP32 程式，檔名為 main.py）

- scan off：停止掃描
- devices：顯示鄰近 BLE 裝置 MAC
- connect：連接 BLE 裝置，如圖 7.5，畫面顯示第 1 次執行 connect 未成功，按 ESP32 重置鍵，再執行 connect，即成功連上
- disconnect：中斷連線
- quit：離開

```
pi@raspberrypi:~ $ sudo bluetoothctl
Agent registered
[bluetooth]# scan on
Discovery started
[CHG] Controller DC:A6:32:90:62:CD Discovering: yes
[NEW] Device 0E:B1:2D:C7:C5:D4 0E-B1-2D-C7-C5-D4
[NEW] Device 72:70:3E:C2:55:E7 72-70-3E-C2-55-E7
[CHG] Device 90:DD:5D:94:99:EF RSSI: -72
[CHG] Device 90:DD:5D:94:99:EF TxPower: 12
[CHG] Device C4:4F:33:54:FE:5B RSSI: -2
[CHG] Device 6C:D3:68:05:C4:77 RSSI: -80
[CHG] Device 6C:D3:68:05:C4:77 TxPower: 6
[CHG] Device 0D:2D:42:C5:D5:AB RSSI: -79
[CHG] Device 25:26:B8:D7:DE:60 RSSI: -74
[CHG] Device 2E:EF:BA:7F:FD:DC RSSI: -80
[NEW] Device 61:CD:AB:55:0B:80 61-CD-AB-55-0B-80
[CHG] Device 58:95:2D:4A:8C:97 RSSI: -74
[CHG] Device 58:95:2D:4A:8C:97 TxPower: 12
[NEW] Device 30:6F:31:BF:95:C9 30-6F-31-BF-95-C9
[CHG] Device C4:4F:33:54:FE:5B RSSI: -00
[CHG] Device 3E:81:29:64:AB:A5 RSSI: -73
[CHG] Device 21:63:0E:FC:DD:48 RSSI: -76
[CHG] Device 55:BF:AD:91:F1:F2 RSSI: -80
[CHG] Device 55:BF:AD:91:F1:F2 TxPower: 6
[CHG] Device 77:E5:13:5C:08:EC RSSI: -79
[CHG] Device 77:E5:13:5C:08:EC TxPower: 8
[CHG] Device B0:F1:EC:C0:4A:1F RSSI: -78
[CHG] Device C4:4F:33:55:D1:9B RSSI: -37
[CHG] Device C4:4F:33:55:D1:9B Name: motor
[CHG] Device C4:4F:33:55:D1:9B Alias: motor
```

圖 7.4　執行 bluetoothctl：scan on

```
[bluetooth]# connect c4:4f:33:55:d1:9b
Attempting to connect to c4:4f:33:55:d1:9b
Failed to connect: org.bluez.Error.Failed
[bluetooth]# connect c4:4f:33:55:d1:9b
Attempting to connect to c4:4f:33:55:d1:9b
[CHG] Device C4:4F:33:55:D1:9B Connected: yes
[CHG] Device C4:4F:33:55:D1:9B Name: motor
[CHG] Device C4:4F:33:55:D1:9B Alias: motor
Connection successful
[CHG] Device C4:4F:33:55:D1:9B Name: ESP32
[CHG] Device C4:4F:33:55:D1:9B Alias: ESP32
[CHG] Device C4:4F:33:55:D1:9B ServicesResolved: yes
[motor]#
```

圖 7.5　執行 bluetoothctl：connect

若找不到 ESP32 裝置，按 ESP32 重置鍵、掃描，再連上 BLE 裝置。

Python 提供 BLE-GATT 模組 BLE_GATT，可以應用於樹莓派 BLE 通訊，BLE_GATT 模組詳細資訊請參考 https://github.com/ukBaz/BLE_GATT 或 https://pypi.org/project/BLE-GATT/。安裝模組指令

```
$ sudo pip3 install BLE_GATT
```

1. 匯入 **BLE_GATT** 模組：import BLE_GATT。

2. **BLE_GATT 相關函式**

    (1) BLE_GATT.Central：設定周邊 BLE 裝置，引數為周邊裝置的 MAC，例如：esp32 = BLE_GATT.Central('C4:4F:33:55:D1:9B')。

    (2) connect：連上 BLE 裝置。

    (3) on_value_change：設定特徵變動時執行回呼函式，第 1 引數特徵 UUID，第 2 引數回呼函式。

    (4) wait_for_notifications：進入 BLE 通訊，等候通知。

當在 BLE 通訊進行時，除了等候通知外，若還要處理其他事件，例如：按壓開關所引發的事件等，則需要採用輪詢（pooling）的方式來執行工作，其中 gi.repository-GLib 模組的 timeout_add_seconds 函式可以運用，GLib 是通用工具函式庫（general-purpose utility library）（ https://developer.gnome.org/glib/stable/glib.html ）。

1. 匯入 **GLib** 模組：from gi.repository import GLib。

2. **GLib 函式 timeout_add_seconds()**：設間隔時間執行一次指定函式，第 1 引數為間隔時間，第 2 引數為執行函式名稱，例如：GLib.timeout_add_seconds（0.1, push_button），每間隔 100ms 呼叫 push_button 函式一次。

例題 7.3

將例題 7.2MQTT 通訊方式改為 BLE 通訊。

電路布置

與例題 7.2 相同。

範例程式

先執行 ESP32 程式，再執行樹莓派程式；前者使用 MicroPython 直譯器，後者為 Python。

ESP32 部分：與例題 6.5 大致相同，僅列差異處

❶ 建立 Pin 物件：名稱 relay、led、LS，前兩者為輸出模式，後者為輸入模式。

❷ 建立 BlueTooth_LE 物件：名稱 motor。

❸ 回呼函式 irq：觸發中斷事件函式，根據樹莓派指令進行資料提供與開關控制，2 種指令

◆ 'on'：繼電器激磁，啟動馬達

◆ 'off'：繼電器失磁，馬達停止運轉

❹ 不斷偵測是否碰觸到極限開關，當碰到時停止馬達運轉，並傳送訊息。

```python
from machine import Pin
from utime import sleep
import ubluetooth as ubl
from micropython import const
from ble_advertising import advertising_payload

_IRQ_GATTS_WRITE = const(3)
debounce = 0
max_debounce = 500
relay_pin = 19
led_pin = 2
LS_pin = 5
relay = Pin(relay_pin, Pin.OUT)
led = Pin(led_pin, Pin.OUT)
LS = Pin(LS_pin, Pin.IN, Pin.PULL_UP)
```

```python
class BlueTooth_LE():
    def __init__(self, name):
        self.name = name
        self.ble = ubl.BLE()
        self.ble.active(True)
        self.ble.irq(self.irq)
        self.register()
        self.advertise()

    def irq(self, event, data):
        if event == _IRQ_GATTS_WRITE:
            buffer = self.ble.gatts_read(self.rx)
            message = buffer.decode('UTF-8').strip()
            print(message)
            if message == 'on':
                relay.value(0)
                led.value(1)
                self.send('Motor on')
            if message == 'off':
                relay.value(1)
                led.value(0)
                self.send('Motor off')

    def register(self):
        # Nordic UART Service
        service_UUID = '6E400001-B5A3-F393-E0A9-E50E24DCCA9E'
        RX_UUID = '6E400002-B5A3-F393-E0A9-E50E24DCCA9E'
        TX_UUID = '6E400003-B5A3-F393-E0A9-E50E24DCCA9E'
        esp32_service = ubl.UUID(service_UUID)
        esp32_RX = (ubl.UUID(RX_UUID), ubl.FLAG_WRITE,)
        esp32_TX = (ubl.UUID(TX_UUID), ubl.FLAG_READ | ubl.FLAG_NOTIFY,)

        esp32_UART = (esp32_service, (esp32_TX, esp32_RX,))
        services = (esp32_UART, )
        ((self.tx, self.rx,), ) = self.ble.gatts_register_
services(services)
```

```
    def send(self, data):
        self.ble.gatts_notify(0, self.tx, data + '\n')

    def advertise(self):
        self.ble.gap_advertise(100, advertising_payload(name=self.name))

motor = BlueTooth_LE('motor')

try:
    while True:
        if LS.value() == 0 and relay.value() == 0:
            if debounce > max_debounce:
                debounce = 0
                relay.value(1)
                led.value(0)
                msg = 'Touch limit switch'
                motor.send(msg)
                sleep(1)
            else:
                debounce += 1

except OSError:
    print('Failed in ble!')
except KeyboardInterrupt:
    print('Keyboard interrupted!')
finally:
    print('Exit!')
```

樹莓派部分：與 ESP32 採用相同的 UUID。

❶ 匯入 BLE_GATT、gi.repository 的 GLib、RPi.GPIO 模組。

❷ 建立 BLE_GATT.Central 物件：名稱 esp32。

❸ push_button：以軟體方式確認按壓開關作動情形，利用全域變數 debounce_start、debounce_stop 累積防彈跳計數值，若超過門檻值 max_debounce，確認按壓動作，呼叫 send_data 函式。

❹ send_data：呼叫 char_write 函式將指令 'on' 或 'off' 寫入 esp32_RX_charac 特徵。

❺ notify：esp32_TX_charac 特徵改變的回呼函式，顯示接收到訊息，bytes 函式將訊息轉成位元組，再轉換成萬國碼格式。

❻ 主程式

◆ 呼叫 connect，連接 ESP32 裝置

◆ 呼叫 on_value_change，設定 esp32_TX_charac 特徵改變的回呼函式

◆ 呼叫 GLib.timeout_add_seconds，設定間隔時間呼叫 push_button

◆ 呼叫 wait_for_notifications，等待訊息通知

```python
import BLE_GATT
from gi.repository import GLib
import RPi.GPIO as GPIO
from time import sleep

esp32_MAC = 'C4:4F:33:55:D1:9B'
esp32_TX_charac = '6e400003-b5a3-f393-e0a9-e50e24dcca9e'
esp32_RX_charac = '6e400002-b5a3-f393-e0a9-e50e24dcca9e'
start_pin = 4
stop_pin = 17
led_pin = 18
debounce_start = 0
debounce_stop  = 0
max_debounce   = 100
GPIO.setmode(GPIO.BCM)
GPIO.setup(start_pin, GPIO.IN, pull_up_down=GPIO.PUD_UP)
GPIO.setup(stop_pin, GPIO.IN, pull_up_down=GPIO.PUD_UP)
GPIO.setup(led_pin, GPIO.OUT)
GPIO.output(led_pin, False)

def push_button():
    global debounce_start, debounce_stop, max_debounce
    while True:
```

```python
        if GPIO.input(start_pin) == 0:
            if debounce_start > max_debounce:
                GPIO.output(led_pin, True)
                debounce_start = 0
                send_data(b'on')
                while GPIO.input(start_pin) == 0:
                    pass
            else:
                debounce_start += 1
        elif GPIO.input(stop_pin) == 0:
            if debounce_stop > max_debounce:
                GPIO.output(led_pin, False)
                debounce_stop = 0
                send_data(b'off')
                while GPIO.input(stop_pin) == 0:
                    pass
            else:
                debounce_stop += 1
        else:
            break
    return True

def notify(value):
    print(f"Message received: {bytes(value).decode('UTF-8')}")

def send_data(on_off):
    esp32.char_write(esp32_RX_charac, on_off)

# main loop
esp32 = BLE_GATT.Central(esp32_MAC)
esp32.connect()
esp32.on_value_change(esp32_TX_charac, notify)
# call send_data every 100ms
GLib.timeout_add_seconds(0.1, push_button)
esp32.wait_for_notifications()
```

執行結果

在樹莓派按「啟動」、「停止」、「啟動」按壓開關，馬達啟動、停止、再啟動，碰觸極限開關，馬達停止，再按「啟動」，碰觸極限開關，馬達停止；樹莓派收到 ESP32 回傳訊息，如圖 7.6。

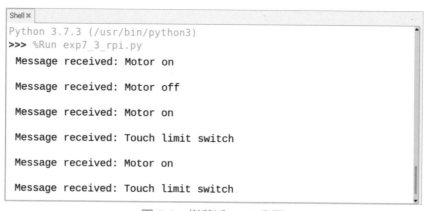

圖 7.6　樹莓派 Shell 畫面

7.1 樹莓派與 ESP32 以 MQTT 通訊方式傳送資料，ESP32 裝設超音波測距模組 HC-SR04P，偵測距前方物體距離，並傳送距離至樹莓派，當接近距離小於 10cm 時，樹莓派的蜂鳴器響起，2s 後停止。註：使用 PWM 訊號輸出至蜂鳴器。

7.2 試製作一猜 3 個數字的遊戲，樹莓派產生一組 1～3 隨機數，可以重複。ESP32 與樹莓派以 BLE 通訊傳送資料，ESP32 裝設 3 個按壓開關，分別代表 1～3 數字，按壓開關 3 次，當號碼與順序都對，綠色 LED 閃爍 3 次，表示答案正確，否則，無論號碼或順序有錯，都會亮起紅色 LED，例如：數字為 1、1、2，如果依序按壓 1、1、2 開關，為正確答案，如果按 1、2、1，雖然數字對，但順序有誤，仍是錯誤答案。註：可作為輸入密碼驗證。

MEMO

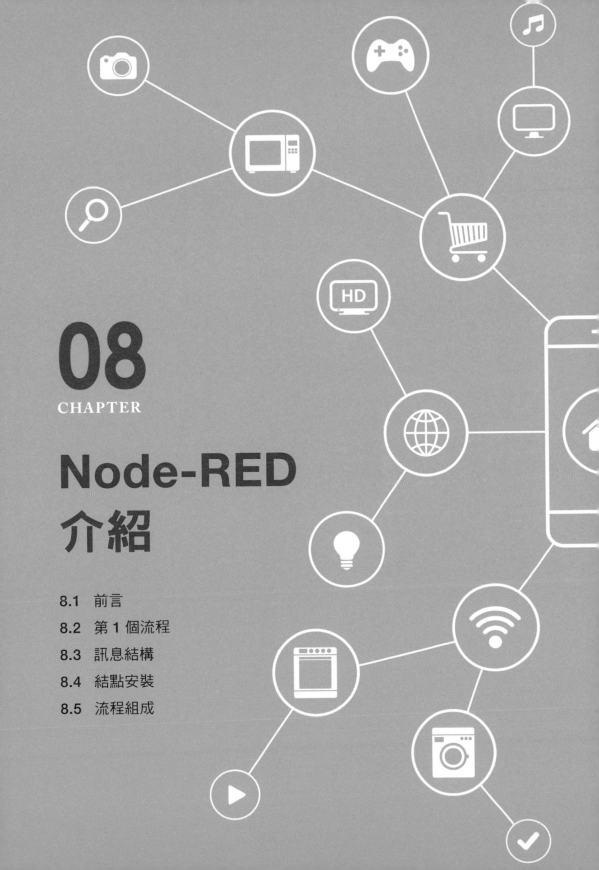

08
CHAPTER

Node-RED
介紹

8.1 前言

至此，物聯網（IoTs）的輪廓已逐漸清晰，它的組成包括

- 硬體部分：樹莓派、ESP32、感測器、控制器
- 軟體部分：Python、MicroPython 程式

但是在建立物聯網過程中存在 2 個主要問題

- 缺少人機互動的網頁（使用者介面）
- 缺乏整合聯網裝置的平台

「Node-RED」是解決前述問題的理想方案，它是由 IBM 發展出來以網頁撰寫程式的工具軟體，程式以連接結點組成的流程（flow）呈現，可以輕易將硬體、應用程式介面（APIs）、或網頁服務等串接在一起，以更有效的方式建立物聯網；而且它是開源的軟體。（ https://nodered.org ）

Node-RED 安裝完成後，預設的設定檔、流程檔案分別為

- 設定檔：/home/pi/.node-red/settings.js
- 流程檔：/home/pi/.node-red/flows.json

註：`.node-red` 為隱藏目錄，以指令 `$ ls -a` 顯示。

根據官網建議，FireFox 與 Chrome 瀏覽器執行 Node-RED 效果較好，筆者使用 Chrome 瀏覽器。完成流程規劃，經部署（deploy）後，啟動流程，系統開始運作，如果有儀表結點（Dashboard），可以瀏覽使用者介面（UI），輸入指令或觀看網頁所呈現的資料。

8.2 第 1 個流程

樹莓派執行 Node-RED：點擊主選單 ＞ 軟體開發 Programming ＞ Node-RED，
出現圖 8.1 畫面（根據安裝結點、版本不同，顯示資料稍有差異），Node-RED
版本為 3.0.2。

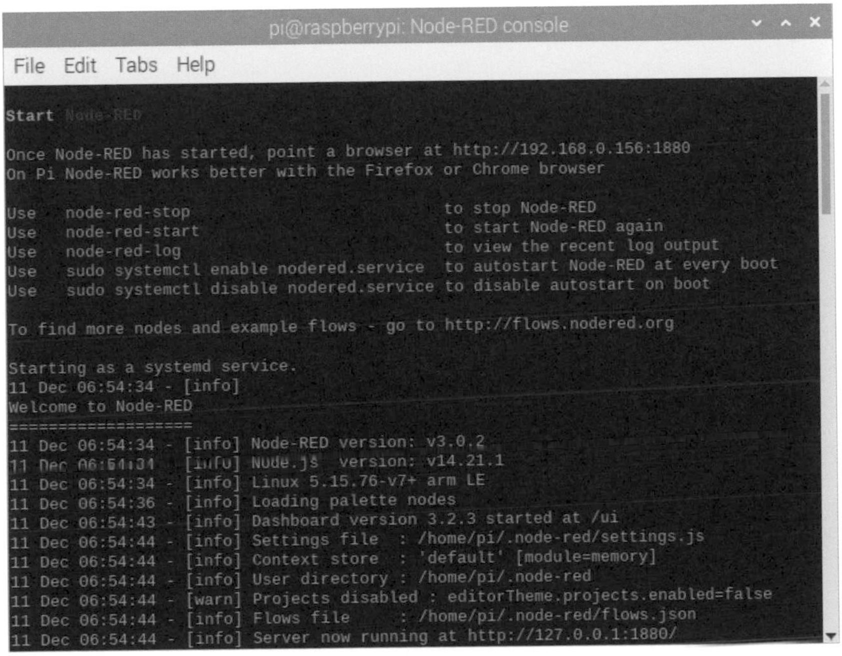

圖 8.1　啟動 Node-RED

開啟網頁瀏覽器，連至 http://192.168.0.156:1880（網址隨著無線分享器指定有
異，或使用 http://localhost:1880，埠號為 1880），如圖 8.2，點擊畫面「+」新
增流程「Flow 1」，頁面

- 左邊「結點區」

- 中間「流程規劃區」

- 右邊「資訊顯示區」（還有未顯示出的「除錯訊息區」、「儀表結點設定區」）

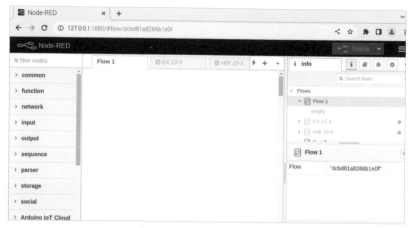

圖 8.2 Node-RED 流程

🛜 更改流程名稱

雙按流程規劃區頂部「Flow 1」頁籤，出現如圖 8.3 畫面，名稱改為「First Try」，可以在「Description」描述流程相關內容。

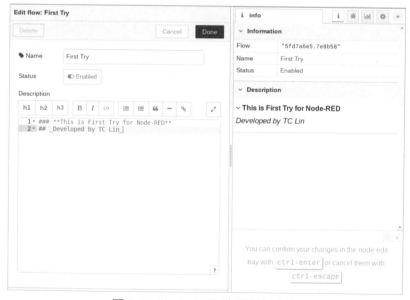

圖 8.3 Node-RED 流程重新命名

🛜 流程規劃

流程規劃步驟

■ 結點區抓結點，放至流程規劃區

■ 連接結點

■ 完成後，點擊「Deploy」部署

舉例說明，首先利用滑鼠左鍵在結點區「common」抓「inject」（注入點）作為流程啟動點，放至「流程規劃區」，再抓「debug」，放至「流程規劃區」，「inject」輸出訊息端子在右側，而「debug」接收訊息端子在左側，游標移至「inject」輸出端子，按住滑鼠左鍵，拉線移動至「debug」鬆開按鍵，兩端子連線，完成流程規劃，如圖 8.4。

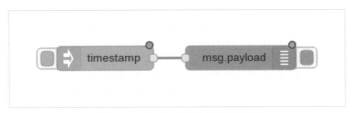

圖 8.4　Node-RED 流程規劃

完成「Deploy」部署，流程裡所有結點右上方的藍點消失，點擊「inject」結點左邊方格，啟動流程。按 Node-RED 網頁右上角「≡」，選 View ＞ Debug messages，出現圖 8.5 畫面，其中 1628562947363 是從 1970 年 1 月 1 日迄今所歷經的毫秒數（ms），需換算成日期、時間作為進一步使用。有 4 種部署方式

■ Full：部署工作區所有流程

■ Modified Flows：只部署更動流程

■ Modified Nodes：只部署更動結點

■ Restart Flows：重新啟動已部署流程（若有任何更動也不會進行部署）

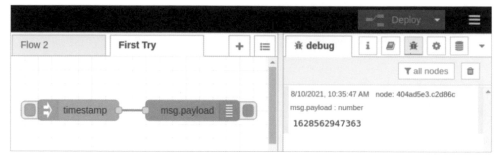

圖 8.5　Node-RED 流程啟動

Node-RED 的功能相當多，除了剛使用過的「common」結點外，再加上「function」、「Raspberry Pi」、「network」等結點，可以使流程變化更多元，功能更強大。在使用者介面部分，「Dashboard」結點會用在物聯網使用者介面的建立。

Node-RED 還有一項相當特別的功能，可以將目前流程匯出（Export），「≡」＞Export ＞ current flow ＞ JSON ＞ formatted，選擇「Download」或「Copy to Clipboard」，需要時再匯入流程，每筆資料都是「JSON 資料格式」，如圖 8.6。在網路上分享的 Node-RED 資源，也是以文字檔呈現。檔案資料顯示結點屬性，例如：識別碼、名稱、座標等，因為這些都在規劃流程中自動產生，讀者毋須細究內容。

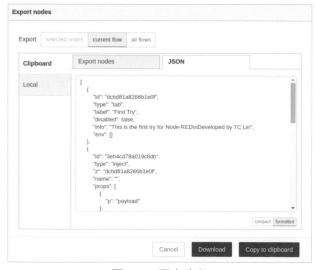

圖 8.6　匯出流程

8.3 訊息結構

Node-RED 流程各結點間，是以訊息方式傳遞資料，訊息物件名稱 msg，基本屬性：主題（topic）、負載（payload），與 6.2 節的 MQTT 訊息相同。

🛜 主題

主題以字串表示，'/' 分隔多層，字串中勿留空格，例如：msg.topic ="light/livingroom/sw1" 有 3 層主題，如圖 8.7，第 1 層 light，第 2 層 livingroom，第 3 層 sw1，各層由上到下呈現階層式架構；第 2 層還有 diningroom、bedroom 主題。每一個主題有各自的內容，當發布某一主題，訂閱者會收到經由伺服器轉發的訊息。在 msg 項下，除了原有的屬性，也可以新增其他屬性。訂閱者設定訂閱主題，可以明確指定每層的主題，或者某一主題以下所有主題，包括所有主題以下各層主題，或同一層所有主題，「下一層」限特定主題；這些可利用萬用碼設定

- 「#」：訂閱某一主題下所有主題
- 「+」：涵蓋該層所有主題名稱，需進一步定義下一層名稱

例如

- "light/livingroom/sw1"：明確指定主題
- "light/#"：訂閱 light 以下所有主題，包含 livingroom、diningroom、與 bedroom 以下的所有 sw1、sw2、sw3 主題
- "light/+/sw1"：訂閱所有房間的 sw1 主題

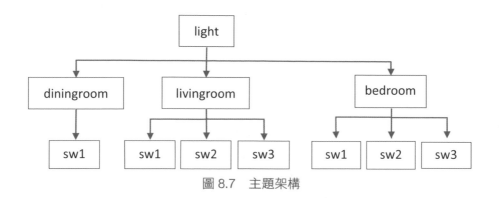

圖 8.7　主題架構

📶 負載

payload 為對應主題的內容，可以為指令形式，例如：msg.topic = "light/livingroom/sw1"，msg.payload="ON" 用來開啟 livingroom 房間 sw1 電燈開關，而關燈則為 msg.payload="OFF"，其餘的負載型式，只要簡單、明確，都可以使用，例如：'1' 代表開啟、'0' 代表關閉。

📶 方法

1. **topic.length**：主題字串的長度。

2. **topic.indexOf('/')**：搜尋字元在字串位置索引，用於解析各層主題，例如：msg.topic="home/diningroom/sw1"，第 1 次出現 '/' 索引是 4。

📶 其他屬性

1. **訊息 ID**：_msgid，用於追蹤訊息。

2. **元件**：parts。

📶 屬性的資料型態

各屬性的資料型態可以為物件（Object）、字串（String）、或陣列（Array）

- { }：物件
- " "：字串
- [ ]：陣列

例如：msg.parts={"Link1":3, "Link2":5}，msg.parts 物件有 2 個「JSON 資料格式」項目，關鍵詞 "Link1" 與 "Link2"，值分別為 3 與 5。

8.4 結點安裝

安裝結點的方式有 2 種

- 「終端機」輸入指令：npm
- 執行 Node-RED 的 Manage palette

以安裝「Dashboard」結點為例說明。

1. 「終端機」輸入指令

   ```
   $ npm install node-red-dashboard
   ```

   安裝完成，需重新啟動 Node-RED。

2. 執行 **Node-RED** 的 **Manage palette**

   (1) 按 Node-RED 網頁右上角「≡」> Manage palette > Install。

(2) 輸入關鍵詞：dashboard，找到 node-red-dashboard，點擊「install」（圖示「installed」表示已安裝），如圖 8.8。

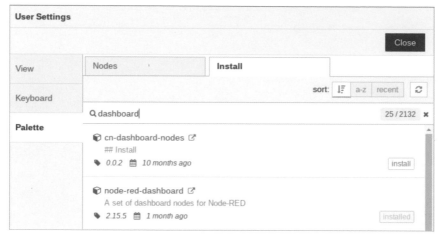

圖 8.8　搜尋 dashboard 結點

(3) 重新整理 Node-RED 網頁，「dashboard」將出現在結點區，如圖 8.9。

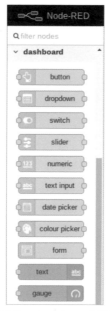

圖 8.9　dashboard 結點

8.5 流程組成

Node-RED「流程」（flow）相當於一應用程式，由各式「結點」連線組成，可以多個「流程」同時進行，或者設定目前工作的「流程」啟用（Enabled），其餘停用（Disabled）。「結點」是資料處理的工作站，資料以訊息型態進入「結點」，更新資料後，再以新訊息離開「結點」。部分「結點」屬於輸出結點，僅輸出訊息，沒有訊息輸入，而部分「結點」屬於輸入結點，則只接受訊息。Node-RED有相當多具有特別功能的結點，本章僅說明建立物聯網中常使用到的結點，讀者可以至官網：https://nodered.org/ 查詢其他結點。

📶 基本結點

1. **common 群**

    (1) inject：注入訊息，啟動流程，常用的輸出資料有

    - timestamp：時間戳記，預設

    - boolean：布林值，true、false（開頭字母小寫，有別於 Python）

    - string：字串

    - JSON：JSON 資料格式 { 關鍵詞：值 }

    (2) debug：顯示訊息，用於除錯。

2. **function 群**

    (1) function：JavaScript 程式碼，屬於文字型態的函式架構，可以宣告變數、條件判斷、邏輯或算術運算等，功能強大，可多加利用。請參考附錄 A 的 JavaScript 介紹。

    - 資料儲存：流程的資料隨著路徑流動至結點進行運算處理，若要在其他地方讀取或設定時，可事先儲存成變數型態。依據可讀取範圍分成 3 種型態

> ➤ context：結點內可讀寫

> ➤ flow：同一流程每一結點都可讀寫

> ➤ global：所有流程每一結點都可讀寫

- 讀取與設定資料

> ➤ get：讀取資料，引數為變數名稱，例如：context.get(varName)，varName 字串使用雙引號或單引號

> ➤ set：寫入資料，2 個引數分別為變數名稱、值，例如：context.set(varName, varValue)

- 函式回傳值：msg

(2) change：轉換輸出訊息形式。

(3) switch：流程分岔點，依據規則判斷前往下一個結點。

3. **sequence 群**

(1) split：設定分隔字元，拆解訊息內容，用於多重訊息解讀，例如：msg.payload="a,b,c,d"，分隔字元為 ","，執行後可以得到 4 個主題相同的物件，payload 分別為 "a"、"b"、"c"、"d"。

(2) join：多個訊息合併成單一訊息，例如：前例執行 split 後，再執行 join，可以獲得相同字串，msg.payload="a,b,c,d"。

4. **parser 群**

(1) csv：CSV 格式字串與 JavaScript 物件之間的轉換

(2) json：將輸入訊息字串轉換成「JSON 資料格式」訊息輸出，即 { 關鍵詞：值 }，例如：輸入訊息 payload='{"Temperature":27}'，輸出為 JSON 物件 {"Temperature":27}。

5. **storage 群**：主要有 write file、read file。

🛜 random 結點

產生兩數間的隨機數，安裝 random 結點

```
$ npm install node-red-node-random
```

或利用 Manage palette 安裝。

例題 8.1

試利用 random 結點產生 15 ～ 35 隨機數模擬氣溫，溫度高於 28℃，顯示 "It's hot. Turn on AC"，溫度低於 20℃，顯示 "It's cold. Turn off AC and fan"，溫度介於 20 ～ 28℃，顯示 "It's nice. Turn off AC, but keep fan running"。提示：運用 switch 結點建立控制規則。

範例程式

❶ 流程規劃：流程由 inject、random、switch、3 個 function、以及 2 個 debug 結點組成，完成流程規劃如圖 8.10。inject 啟動流程，random 產生隨機整數，根據 switch 規則有 3 條可能訊息輸出路徑，顯示在 debug 視窗。

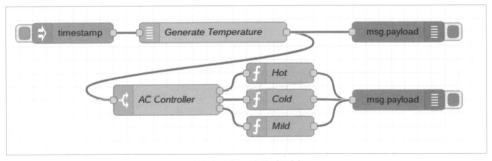

圖 8.10　流程規劃

❷ 各結點說明

◆ random：名稱 Generate Temperature，產生 15 ～ 35 隨機整數，如圖 8.11

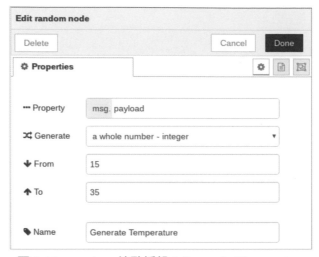

圖 8.11　random 結點編輯：Generate Temperature

◆ switch：名稱 AC Controller，訂定 3 條規則，分別為溫度 >= 28、<=
20、介於中間，檢查每一條規則，如圖 8.12

圖 8.12　switch 結點編輯：AC Controller

◆ function：3 個 function 名稱分別為 Hot、Cold、Mild，其中 Hot 如圖 8.13，msg.payload="It's hot. Turn on AC"。其餘，編輯步驟相同，Cold 的 msg.payload="It's cold. Turn off AC and fan"，Mild 的 msg.payload= "It's nice. Turn off AC, but keep fan running"

圖 8.13　function 結點編輯：Hot

例題 8.2

重作例題 8.1，改用 function 建立控制規則，而不使用 switch 結點。

範例程式

❶ 流程規劃：流程如圖 8.14。

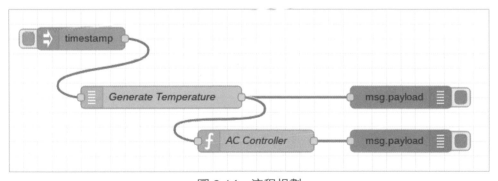

圖 8.14　流程規劃

❷ function 結點：名稱 AC Controller，使用 Number 方法轉換 msg.payload（字串）為整數，再以 if、else if、else 條件判斷模擬氣溫落入哪一段區間，輸出字串，如圖 8.15。

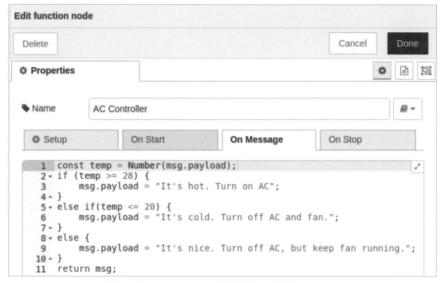

Edit function node

| Delete | | Cancel | Done |

⚙ Properties

🏷 Name   AC Controller

| ⚙ Setup | On Start | **On Message** | On Stop |

```
1  const temp = Number(msg.payload);
2- if (temp >= 28) {
3      msg.payload = "It's hot. Turn on AC";
4- }
5- else if(temp <= 20) {
6      msg.payload = "It's cold. Turn off AC and fan.";
7- }
8- else {
9      msg.payload = "It's nice. Turn off AC, but keep fan running.";
10- }
11  return msg;
```

圖 8.15　function 結點編輯：AC Controller

例題 8.2 流程似乎比例題 8.1 簡單，少了 1 個 switch、2 個 function，但是若是以實際作業考量，因為 switch 結點已確定下一步要走的分支，毋須經過 function 判斷，流程更直覺、簡單。例題 8.3 將結合 switch 與樹莓派結點，展現更具實用性的做法。

🛜 Raspberry Pi 結點

用於樹莓派 GPIO，2 個結點

- rpi-gpio in：樹莓派 GPIO 數位輸入腳位，腳位狀態值 0 或 1
- rpi-gpio out：樹莓派 GPIO 數位輸出腳位，輸出 0V 或 3.3V、或 PWM 訊號

🛜 rpi dht 22 結點

DHT11 或 DHT22 溫濕度感測模組，安裝 dht 結點步驟

1. 按 Node-RED 網頁右上角「≡」> Manage palette > Install，搜尋「dht」，出現 node-red-contrib-dht-sensor，點擊「install」。

2. 安裝完成後，重新整理網頁，「rpi dht22」位在 Raspberry Pi 結點群。

例題 8.3

試設計 AC 控制系統，利用 DHT11 溫濕度感測模組量測溫度，溫度高於 28°，樹莓派輸出訊號至繼電器啟動冷氣機，低於 24°，關掉冷氣機，介於 24 ～ 28°，處於所謂「死角地帶」或「不靈敏區」（dead zone），如圖 8.16，為避免冷氣機在 24° 或 28° 頻繁開關，如果冷氣機處於關機狀態，高於 28° 才會啟動冷氣機，路徑以實線表示，如果冷氣機原本處於啟動狀態，低於 24° 才會關掉冷氣機，路徑以虛線表示。提示：運用 switch 與 rpi-gpio 結點建立控制規則。註：本例題使用低準位觸發繼電器模組。

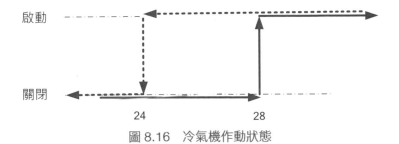

圖 8.16　冷氣機作動狀態

電路布置

DHT11 溫濕度感測模組接 3.3V、GND、訊號輸出接樹莓派 GPIO18，GPIO21 接繼電器模組，電路如圖 8.17。

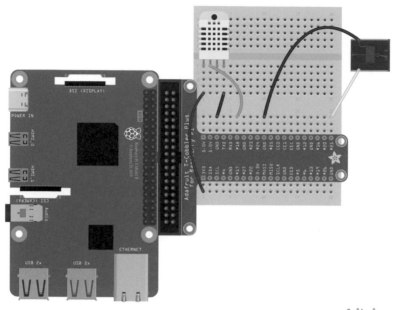

fritzing

圖 8.17　冷氣機控制電路

範例程式

❶　流程規劃：流程由 inject、rpi-dht22、switch、2 個 change、2 個 debug、
　　以及 rpi-gpio out 結點組成，完成流程規劃如圖 8.18。inject 啟動流程，rpi-
　　dht22 取得溫度值，根據 switch 規則控制 AC 運作方式，再經 change 轉換
　　成 rpi-gpio out 訊號。

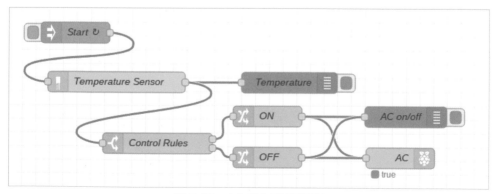

圖 8.18　AC 控制流程規劃

❷ 各結點說明

◆ inject：名稱 Start，每間隔 1 分鐘啟動新流程量測溫度，作為控制 AC 運轉的依據

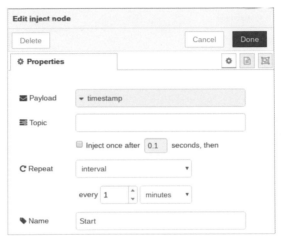

圖 8.19　inject 結點編輯：Start

◆ rpi-dht22：名稱 Temperature Sensor，Sensor Model（感測器模型）DHT11，腳位編號採用 BCM GPIO，本例使用 GPIO18

圖 8.20　rpi-dht 結點編輯：Temperature Sensor

◆ switch：名稱 Control Rules，本例有 2 個規則，須檢查每一個規則，若溫
度高於或等於 28°C，由第 1 分支輸出；若低於或等於 24°C，由第 2 分支
輸出。至於位在「死角地帶」，不會有任何輸出

圖 8.21　switch 結點編輯：Control Rules

◆ change

● ON：輸出 false，樹莓派輸出低準位至繼電器模組，啟動 AC。註：採
用低準位觸發繼電器模組

圖 8.22　change 結點編輯：ON

● OFF：輸出 true

圖 8.23　change 結點編輯：OFF

◆ rpi-gpio out：名稱 AC，使用 GPIO21，初始狀態為高準位

圖 8.24　rpi-gpio out 結點編輯：AC

🛜 dashboard 結點

指針式或數位式儀表、控制開關等結點

- button：按鍵，點擊後輸出訊息負載 true 或 false，也可以輸出其他形式訊息負載

- switch：開關，初次點擊 On，再點擊 Off，交替重複，分成 On/Off 兩種狀態輸出訊息，負載為 true/false 或其他

- slider：滑標，移動滑塊輸出數值，設定最大值、最小值、與改變量

- gauge：指針式儀表，顯示輸入數值，設定最大值與最小值

- chart：圖表，顯示連續變化數據
- text：文字框，顯示輸入文字

※button、switch、slider 結點可以設定訊息主題，作為 MQTT 發布訊息使用。

例題 8.4

運用 dashboard 與 rpi-gpio 結點，建立使用者介面，控制柵欄啟閉，點擊
「Open」按鍵，伺服馬達轉至 90° 打開柵欄，點擊「Close」，伺服馬達轉至 0°
柵欄關閉，馬達運轉中 LED 閃爍 20 次，間隔 100ms。

電路布置

伺服馬達訊號線接 GPIO12，LED 接 330Ω、GPIO18，如圖 8.25。

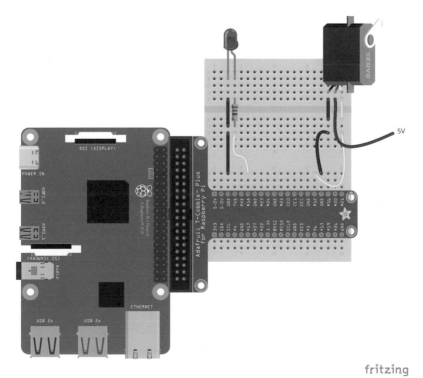

fritzing

圖 8.25　伺服馬達控制電路

範例程式

❶ 流程規劃：流程有 2 項工作分別為啟閉柵欄、LED 閃爍。在使用者介面點擊「Open」或「Close」按鍵，驅動樹莓派 GPIO 輸出 PWM 訊號給伺服馬達；inject 結點 100ms 啟動一次，配合 flow 變數，讓 LED 閃爍 20 次，作用與 for-loop 相同。流程總共使用 1 個 inject、2 個 button、4 個 function、2 個 rpi-gpio out、以及 1 個 delay 結點，完成流程規劃如圖 8.26。

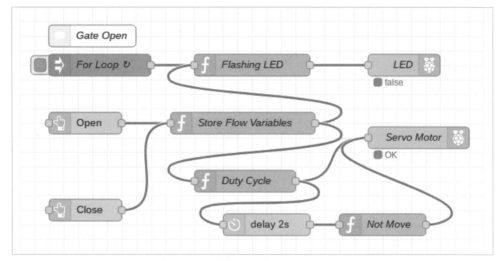

圖 8.26　流程規劃：Gate Open

❷ 使用者介面設計：按 Node-RED 網頁右上角「≡」> View > Dashboard > Layout，設計「使用者介面」，「+tab」新增頁籤 [Appliance]，「+group」新增群組 Gate，如圖 8.27，在「流程規劃區」新增 dashboard 結點「Open」與「Close」。

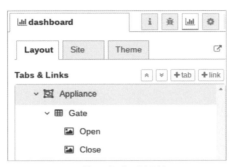

圖 8.27　使用者介面設計：Gate

❸　各結點說明

◆　inject：名稱 For Loop，每間隔 100ms 啟動新流程，使 LED 呈現閃爍效果

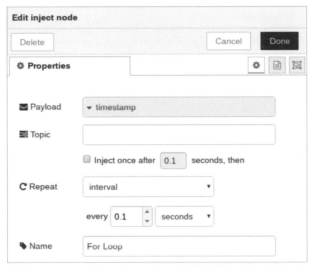

圖 8.28　inject 結點編輯

◆　button：「Open」與「Close」按鍵，「Open」編輯視窗如圖 8.29，隸屬
　　於 [Appliance] Gate 群組，點擊「Open」，輸出 true；點擊「Close」按
　　鍵，輸出 false

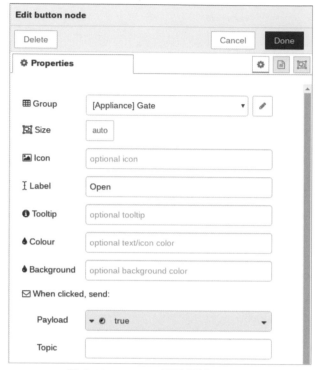

圖 8.29　button 結點編輯：Open

◆ function

- Store Flow Variables：設 定 2 個 flow 變 數，'timesToGo' 用 於 記 錄 LED 閃爍次數，'previousStatus' 記錄 LED 準位，如圖 8.30

圖 8.30　function 結點編輯：Store Flow Variables

- Duty Cycle：點擊「Open」按鍵，輸出 7.5(%) 占空比；點擊「Close」按鍵，輸出 2.5(%)，如圖 8.31

圖 8.31　function 結點編輯：Duty Cycle

- Not Move：輸出 0(%) 占空比，伺服馬達停止不動，如圖 8.32

圖 8.32　function 結點編輯：Not Move

- Flashing LED：讀取 flow 變數 'timesToGo' 與 'previousStatus'，若 'timesToGo' 大於或等於 20，輸出 false，否則輸出原準位的反相準位，造成 LED 閃爍 20 次的效果，同時更新 flow 變數，如圖 8.33

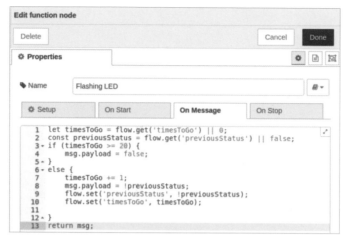

圖 8.33　function 結點編輯：Flashing LED

◆ rpi-gpio out

● Servo Motor：GPIO12 輸出 50Hz PWM 訊號，如圖 8.34。Pins in Use 顯示目前使用的腳位，可以掌握腳位使用的情形

圖 8.34　rpi-gpio out 結點編輯：Servo Motor

- LED：GPIO18 數位輸出，初始狀態高準位，如圖 8.35

圖 8.35　rpi-gpio out 結點編輯：LED

❹ 使用者介面：打開瀏覽器，網址 localhost:1880/ui，Appliance 頁籤、Gate 群組，如圖 8.36。點擊「Open」按鍵，柵欄開啟，點擊「Close」按鍵，柵欄關閉。

圖 8.36　使用者介面

📶 mqtt 結點

連接 MQTT 伺服器，發布或訂閱主題，2 個結點

- mqtt in：訂閱訊息
- mqtt out：發布訊息

例題 8.5

將例題 7.2 原本以 Python 程式控制 ESP32 啟動、停止馬達的方式改成 Node-RED 流程的 mqtt in 與 out 結點控制。

電路布置

如例題 7.2。

範例程式

ESP32 部分：執行例題 7.2 程式

樹莓派部分：

❶ 流程規劃：流程有 2 項工作：啟動、停止馬達運轉。在使用者介面點擊「START」或「STOP」按鍵，藉由 mqtt out 發布指令，再由 mqtt in 訂閱訊息。流程總共使用 2 個 button、mqtt out、mqtt in、以及 1 個 text 結點，完成流程規劃如圖 8.37。

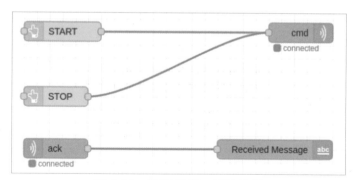

圖 8.37　流程規劃：馬達控制

❷ 使用者介面設計：按 Node-RED 網頁右上角「≡」> View > Dashboard > Layout，設計「使用者介面」頁籤 [Appliance]，「+group」新增群組 Motor

Control，如圖 8.38，在「流程規劃區」新增 dashboard 結點「START」、「STOP」、與「Received Message」。

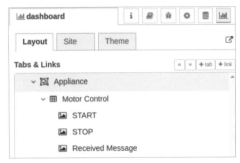

圖 8.38 使用者介面設計：Motor Control

❸ 各結點說明

◆ button：「START」與「STOP」按鈕，「START」編輯視窗如圖 8.39，隸屬於 [Appliance] Motor Control 群組，點擊「START」，輸出字串 1（非數字）。「STOP」編輯視窗如圖 8.40，點擊「STOP」，輸出字串 0

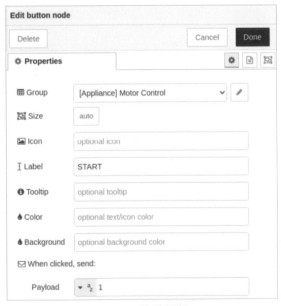

圖 8.39 button 結點編輯：START

圖 8.40　button 結點編輯：STOP

◆ mqtt out：伺服器網址為 localhost:1883，發布主題 cmd，如圖 8.41。未
　　指定名稱，即預設為主題

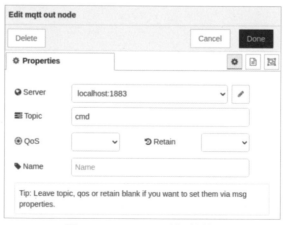

圖 8.41　mqtt out 結點編輯

◆ mqtt in：伺服器網址為 localhost:1883，訂閱主題 ack，如圖 8.42

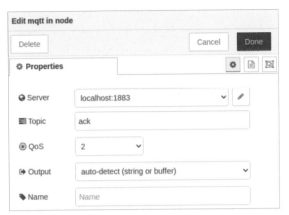

圖 8.42　mqtt in 結點編輯

◆ text：名稱 Received Message，標籤「STATUS>>」

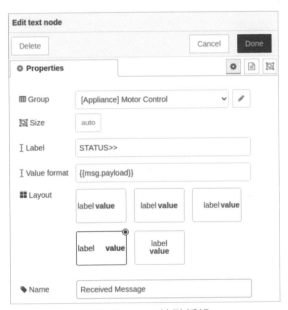

圖 8.43　text 結點編輯

❹ 使用者介面：打開瀏覽器，網址 localhost:1880/ui，Appliance 頁籤、Motor Control 群組，如圖 8.44，這介面與圖 8.36 背景顏色不同，此為明亮背景，

如何調整背景將在第 12 章說明。點擊「START」，啟動馬達，「STOP」，馬達停止，分別顯示 Motor is on、Motor is off，當馬達轉動碰到極限開關顯示 Touch limit switch。

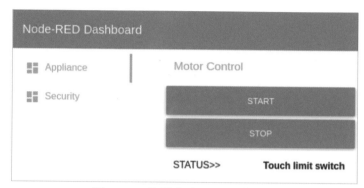

圖 8.44　使用者介面：馬達控制

🛜 ble node 結點

BLE 結點提供 BLE 通訊，2 種安裝結點方式

1. 按 Node-RED 網頁右上角「≡」> Manage palette > Install，搜尋「generic ble」，出現 node-red-contrib-generic-ble，點擊「install」，安裝完成，在結點區將出現

   ◆ generic BLE in：連上 BLE 裝置後，設定特徵 UUID，可以讀取「特徵」

   ◆ generic BLE out：連上 BLE 裝置後，設定特徵 UUID、值，可以寫入「特徵」

2. 在「終端機」輸入指令

   ```
   $ npm install node-red-contrib-generic-ble
   ```

使用 node-red-contrib-generic-ble 結點，它會自動掃描 BLE 裝置，出現要連接的 BLE 裝置再點選連接。詳細 BLE 結點資料請參考 https://flows.nodered.

org/node/node-red-contrib-generic-ble 。註：根據筆者經驗，使用 node-red-contrib-generic-ble 結點 UUID 之英文字母必須小寫。

將例題 **7.3** 原本以 Python 程式控制 ESP32 啟動、停止馬達的方式改由 Node-RED 流程的 generic BLE in 與 out 結點控制。

電路布置

如例題 **7.2**。

範例程式

請先執行例題 **7.3**ESP32 程式。本例 ESP32 的 MAC 為 c4:4f:33:55:d1:9b（請讀者確認 MAC）。

❶ 流程規劃：流程利用 inject 設定特徵的 UUID，流程總共使用 3 個 inject、generic-BLE in、generic-BLE out、1 個 function、1 個 switch、 以 及 1 個 debug 結點，完成流程規劃如圖 8.45；圖中 connected 表示已連上 BLE 裝置（本例 motor），否則可能出現以下情形

◆ missing：發現鄰近 BLE 裝置，由連接狀態轉為未連接

◆ disconnected：發現鄰近 BLE 裝置，但未連接

◆ connecting：正連接鄰近 BLE 裝置中

◆ disconnecting：正中斷連接鄰近 BLE 裝置

◆ error：未預期錯誤

※ 若未出現 connected 指示，按 ESP32 重置鍵、挪動任一個結點再重新佈署。

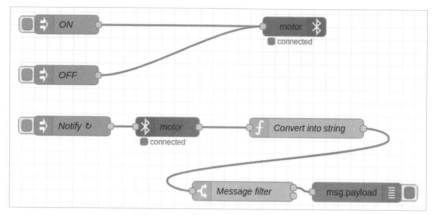

圖 8.45　流程規劃：馬達控制

❷　各結點說明

◆　generic-BLE out：名稱 motor，進入結點編輯，自動掃描鄰近 BLE 裝置
（BLE Scanning），點選欲連接的裝置（本例 c4:4f:33:55:d1:9b、Local
Name 為 motor），點擊「Apply」，將自動填入 BLE 資料，可看到兩個特徵
的 UUID 以及寫入（Write）、通知與讀取（Notify、Read）狀態，如圖 8.46

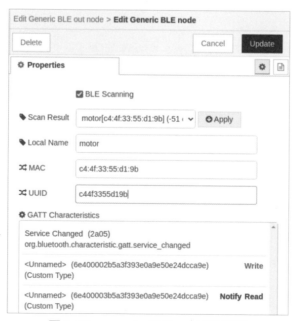

圖 8.46　generic-BLE out 結點編輯

◆ generic-BLE in：BLE 裝置亦為 motor，勾選「Emit notify events」，如圖 8.47

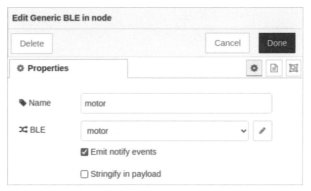

圖 8.47 generic-BLE in 結點編輯

◆ inject：名稱 ON，點擊注入點，傳遞「on」指令給 ESP32，使繼電器激磁，啟動馬達，結點編輯如圖 8.48，只須設定 payload，採用「JSON 資料格式」，點擊「…」進入 JSON 編輯器，如圖 8.49，其中關鍵詞為「RX 特徵」UUID" 6e400002b5a3f393e0a9e50e24dcca9e"（字串裡沒有「-」與 ESP32 程式不同），值 "6f6e"，原本應該為 "0x6f0x6e"，分別為字母「o」與「n」的 16 進位 ASCII 碼，正確使用 generic-BLE 應刪除 0x

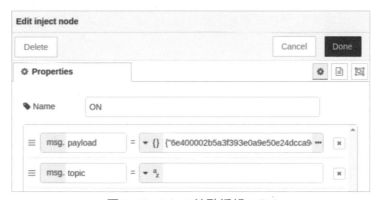

圖 8.48 inject 結點編輯：ON

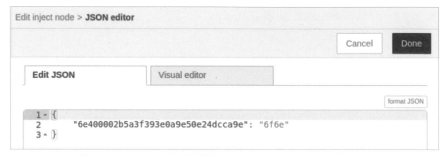

圖 8.49　inject 結點編輯 payload：Edit JSON（on）

◆ inject：名稱 OFF，點擊注入點，傳遞「off」指令給 ESP32，使繼電器失磁，停止馬達運轉，進入 JSON 編輯器，如圖 8.50，其中關鍵詞為「RX 特徵」UUID" 6e400002b5a3f393e0a9e50e24dcca9e"，值 "6f6666"，「o」與「f」的 16 進位 ASCII 碼分別為 0x6f、0x66

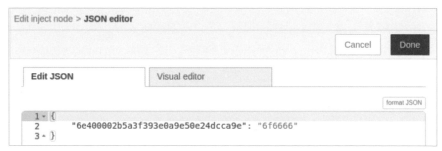

圖 8.50　inject 結點編輯 payload：Edit JSON（off）

◆ inject：名稱 Notify，每間隔 2s 重複確認通知，如圖 8.51，編輯 payload 如圖 8.52，也是採用「JSON 資料格式」，關鍵詞 "notify"，值 true 表示接受通知，關鍵詞 "period"，值 0 表示連續訂閱通知

圖 8.51　inject 結點編輯：Notify

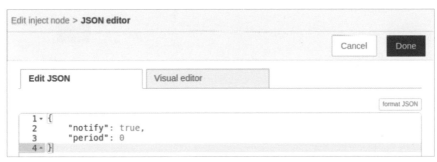

圖 8.52　inject 結點編輯 payload：Notify

◆ function：名稱 Convert into string，將 16 進位 ASCII 碼轉成字串，同時利用 flow 變數 "preMessage" 儲存該次訊息，作為判斷訊息是否重複的依據，JavaScript 程式如圖 8.53，其中 "characteristics" 物件的「TX 特徵」
為位元組陣列（bytearray），利用 toString 函式轉為字串

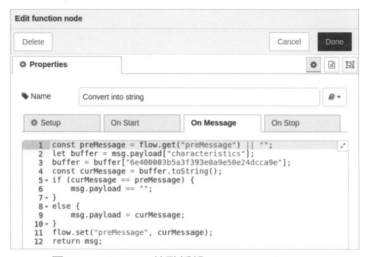

圖 8.53　function 結點編輯：Convert into string

◆ switch：名稱 Message filter，msg.payload 與 flow 變數 "preMessage" 相
等才輸出訊息（若訊息重複，在前一個結點 msg.payload 會被設成空字
串），如圖 8.54

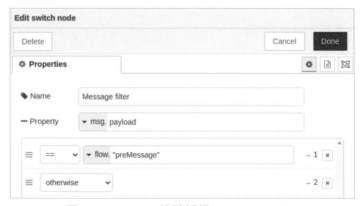

圖 8.54　switch 結點編輯：Message filter

執行情形：按「ON」、按「OFF」、按「ON」、碰觸極限開關，使用 debug 結點
顯示結果，如圖 8.55。

圖 8.55　執行結果

比較例題 8.5、8.6 與例題 7.2、7.3，可以發現規劃 Node-RED 流程的步驟顯然比撰寫 Python 程式簡單，這是因為 Node-RED 已把大部分的功能實作在結點內，我們只需負責參數設定、介面設計，就可以輕易完成一個應用。

本書後半部內容在規劃 Nodo RED 流程，主要利用「mqll 結點」進行物聯網感測訊號與控制指令的傳遞；也應用「BLE 結點」組成流程讀取 ESP32 所量測的溫濕度；這兩種無線通訊方式可以互相轉換。

後註

■ 每次部署 Node-RED 流程，位於使用者目錄 .node-red/flows.json 會被覆寫，建議讀者定期複製該檔案

```
$ cd ~/.node-red
$ cp flows.json flows_original.json
```

■ 手動停止 Node-RED

```
$ node-red-stop
```

■ 手動啟動 Node-RED

```
$ node-red-start
```

■ 本書提供全部範例的流程 flows_examples.json，請讀者多加利用

本章習題

8.1 使用 2 個 slider 結點：1 個為溫度下限（lower），設定範圍為 10 ～ 25，另 1 個為上限（upper），設定範圍為 25 ～ 40，每間隔 1s 產生介於其間的隨 機溫度值，並將此溫度值顯示在 chart 結點。註：可以在 function 結點使用 Math.random()*(upper-lower)+lower 產生隨機溫度值。

8.2 使用 1 個 switch、1 個 rpi-gpio out 結點，控制 LED 亮暗，點擊 switch， LED 亮，再點擊 switch，LED 暗。註：LED 應接 330Ω 電阻。

09
CHAPTER

居家環境
監控系統

9.1 室內溫濕度量測與顯示

在 4 個房間：Living Room、Dining Room、Bed Room、Guest Room，裝設溫濕度感測裝置，以無線方式傳送溫度、濕度值至樹莓派即時顯示。基本硬體組成

- 樹莓派
- 4 個 ESP32
- 3 個溫濕度感測模組 DHT11 與 1 個 DHT22

Living Room 使用 DHT22 溫濕度感測模組，其餘房間使用 DHT11 溫濕度感測模組。每個 ESP32 間隔 4s 量測一筆資料（註：實際應用可加長間隔時間），同時發布訊息至設在樹莓派的 MQTT 伺服器（mosquitto）；發布訊息主題

- Living Room："environment/livingroom"
- Dining Room："environment/diningroom"
- Bed Room："environment/bedroom"
- Guest Room："environment/guestroom"

訊息負載格式為 {"Temperature": 溫度值 , "Humidity": 濕度值 }。

📶 ESP32

1. 電路布置

    DHT11 與 DHT22 模組，分別接 3.3V、GPIO19、GND，電路如圖 9.1。

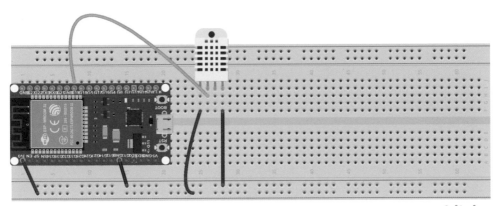

圖 9.1 溫濕度感測模組電路

2. 程式

啟動 Thonny Python IDE，請先執行 **boot.py**，確定聯網成功。（請參考例題 **6.2**）

(1) 匯入 machine 的 Pin、utime 的 sleep、MQTTClient、dht 模組。

(2) 建立 MQTTClient 物件、連 MQTT 伺服器：名稱 client，mqtt_client = 'DHT22LivingRoom'，mqtt_server = '192.168.0.176'（請查詢你的樹莓派 IP）；client.connect() 連至 MQTT 伺服器。

(3) 建立 dht 物件：名稱 sensor。

(4) 溫度與濕度以「JSON 資料格式」發布訊息至 MQTT 伺服器，例如：溫度 t=26.3(℃)、濕度 h=60.5(%)，msg="{" + '"Temperature":{0:3.1f}, "Humidity":{1:3.1f}'.format(t,h) + "}" 可以得到發布訊息 msg={"Temperature": 26.3, "Humidity":60.5}。

本例 **ESP32** 僅發布訊息，程式中省略訂閱訊息。

ESP32 在 Living Room

```python
from machine import Pin
from utime import sleep
from umqtt.robust2 import MQTTClient
import dht

mqtt_server = '192.168.0.176'
mqtt_client = 'DHT22LivingRoom'
topic_pub = 'environment/livingroom'
client = MQTTClient(mqtt_client, mqtt_server)
client.connect()
while client.is_conn_issue():
    client.reconnect()

sensor = dht.DHT22(Pin(19, Pin.IN, Pin.PULL_UP))

try:
    while True:
        sensor.measure()
        t = sensor.temperature()
        h = sensor.humidity()
        print(str(t) + ' C; ' + str(h) + ' %')
        msg = "{" +'"Temperature":{0:3.1f},"Humidity":{1:3.1f}'.
format(t,h)+"}"
        print(msg)
        client.publish(topic_pub, msg)
        sleep(4.0)
except OSError:
    print('Failed to read snesor!')
except KeyboardInterrupt:
    print('Exit now!')
finally:
    client.disconnect()
    esp32.disconnect()
```

ESP32 在 Bed Room：僅列出差異

```
...
...
topic_pub= 'environment/ bedroom'
mqtt_client = 'DHT11BedRoom'
...
sensor = dht.DHT11(Pin(19, Pin.IN, Pin.PULL_UP))
...
```

Dining Room 與 Guest Room 與 Bed Room 類似，差異僅 topic_pub="environment/diningroom" 與 topic_pub="environment/guestroom"，以及 mqtt_client = "DHT11DiningRoom" 與 "DHT11GuestRoom"。

3. 執行結果

如圖 9.2 為 Living Room 的 ESP32 所量測的溫濕度值、以及發布的訊息。

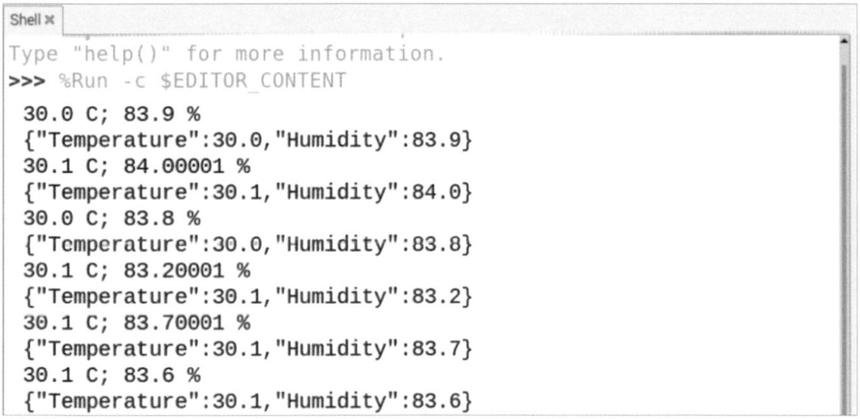

```
Shell ×
Type "help()" for more information.
>>> %Run -c $EDITOR_CONTENT
 30.0 C; 83.9 %
 {"Temperature":30.0,"Humidity":83.9}
 30.1 C; 84.00001 %
 {"Temperature":30.1,"Humidity":84.0}
 30.0 C; 83.8 %
 {"Temperature":30.0,"Humidity":83.8}
 30.1 C; 83.20001 %
 {"Temperature":30.1,"Humidity":83.2}
 30.1 C; 83.70001 %
 {"Temperature":30.1,"Humidity":83.7}
 30.1 C; 83.6 %
 {"Temperature":30.1,"Humidity":83.6}
```

圖 9.2　Thonny Python Shell 顯示溫濕度值

🛜 樹莓派

1. 流程規劃

   Node-RED 流程如圖 9.3，mqtt in 結點訂閱 ESP32 所發布溫濕度訊息主題，訊息經 json、function 結點運算後取得溫濕度值，分別顯示在指針式儀表結點：Temperature 1 ～ 4、Humidity 1 ～ 4。

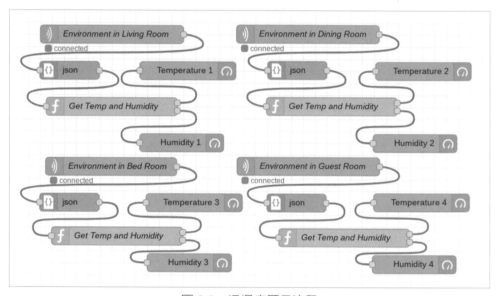

圖 9.3　溫濕度顯示流程

2. 使用者介面設計

   按 Node-RED 網頁右上角「≡」> View > Dashboard > Layout，設計「使用者介面」，「+tab」新增頁籤 [Environment]，「+ Group」新增群組 Living Room、Dining Room、Bed Room、Guest Room，在「流程規劃區」新增儀表結點，其中 Living Room 群組有「Temperature 1」、「Humidity 1」，Dining Room 群組有「Temperature 2」、「Humidity 2」，其他群組也各有 2 個。

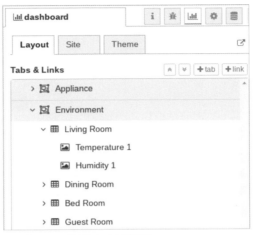

圖 9.4　使用者介面設計：Environment

3. 各結點說明

(1) mqtt in：共有 4 個，伺服器網址為 localhost:1883，訂閱主題分別為

- environment/livingroom
- cnvironment/bedroom
- environment/diningroom
- environment/guestroom

如圖 9.5 為一例。註：主題均視為字串，不需加引號。QoS 採用預設值 0。

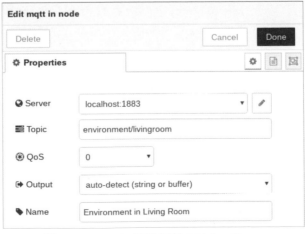

圖 9.5　mqtt in 結點編輯：Living Room

(2) json：將字串轉成「JSON 資料格式」。ESP32 所傳送字串轉換為 JSON 物件（object）。

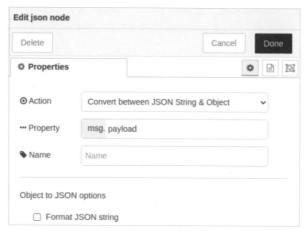

圖 9.6　json 結點編輯

(3) function：名稱 Get Temp and Humidity，擷取溫度、濕度值，JavaScript 程式如圖 9.7；輸入訊息為「JSON 資料格式」，關鍵詞分別為 "Temperature" 與 "Humidity"；msg1.payload 設為溫度值、msg2.payload 設為濕度值，在 Setup 頁籤設定 2 個輸出，如圖 9.8。

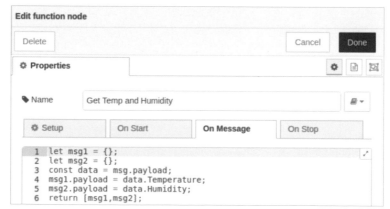

圖 9.7　function 結點編輯：Get Temp and Humidity

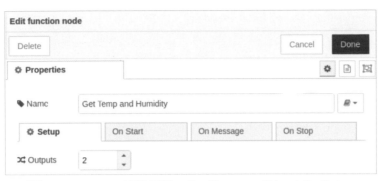

圖 9.8　function 結點編輯：Get Temp and Humidity-Setup

(4) gauge

- Temperature 1：標籤為 TEMPERATURE，顯示溫度，隸屬於 [Environment] Living Room 群組，溫度範圍 15 ～ 35℃，若溫度分布範圍變大，可以更改 min、max

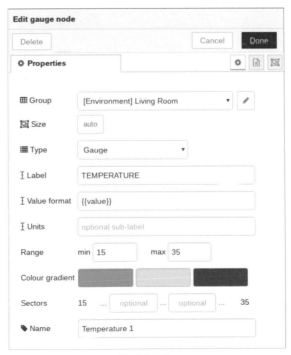

圖 9.9　gauge 結點編輯：Temperature 1

- Humidity 1：標籤為 HUMIDITY，顯示濕度，隸屬於 [Environment] Living Room 群組，濕度範圍 0 ～ 100%

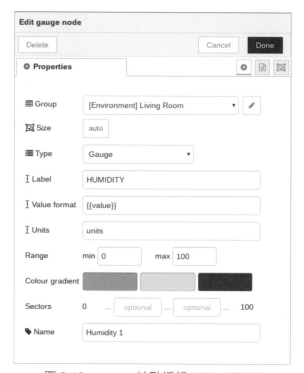

圖 9.10　gauge 結點編輯：Humidity 1

溫度、濕度指針式儀表選定群組後，將在使用者介面 [Environment] 頁籤出現。其餘的 Dining Room、Bed Room、Guest Room 指針式儀表設定步驟與 Living Room 相同。

4.　執行結果

打開瀏覽器，網址 192.168.0.176:1880/ui，使用者介面如圖 9.11。註：網址為無線分享器所在網域，若在其他網域瀏覽網頁，請先向系統業者索取網址或依據附錄 B 設定虛擬私人網路（VPN）。

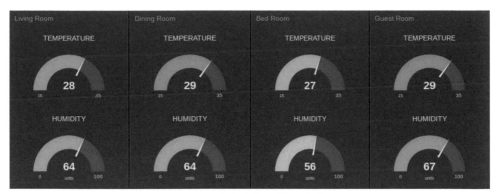

圖 9.11　溫濕度顯示使用者介面

9.2　各房間電燈開關控制

4 個房間：Living Room、Dining Room、Bed Room、Guest Room，裝設電燈開關控制器，利用使用者介面控制電燈開關。基本硬體組成

- 樹莓派
- ESP32
- 4 接點繼電器模組（可以控制 4 組開關）

在使用者介面 [Light Control] 頁籤、房間群組點擊電燈開關，樹莓派發布訊息主題與負載，提供 ESP32 進行電燈開關控制。以 Living Room 第 1 個電燈開關控制為例，主題 "light/livingroom/sw1"，當點擊 Living Room 群組第 1 開關（SWITCH 1），打開電燈的訊息負載為 "11"，如果關掉，訊息負載為 "10"。MQTT 伺服器設在樹莓派，ESP32 執行開關燈指令後，將開關作動情形回傳。

📶 ESP32

1. 電路布置

    ESP32 的 GPIO19、18、5、17 分別接繼電器訊號輸入,電路如圖 9.12,其中 4 路繼電器模組是將 4 組繼電器組合在一個電路板,內部有保護電路,本例採用低準位激磁繼電器模組。

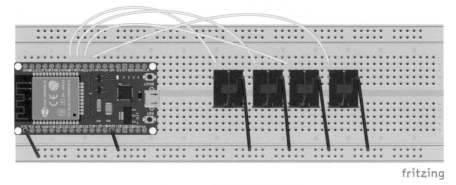

圖 9.12　繼電器模組電路

註:要將原來的電燈開關換成繼電器模組前,務必先關掉配電箱電燈迴路無熔絲開關,以免觸電。拆下原開關接線,2 條電線分別接上繼電器 COM 接點與常開接點(NO),如圖 9.13,圖示 4 盞電燈,完成接線後,打開配電箱開關,即可進行測試。這項工作需具備基本電工技術,事關人身安全,請謹慎為之。

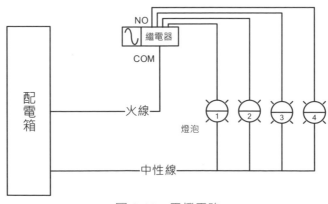

圖 9.13　電燈電路

2. 程式

ESP32 訂閱訊息主題："light/livingroom/#"，控制 Living Room 電燈開關，「#」表示訂閱 light/livingroom 下 sw1、sw2、sw3、sw4 主題，其餘房間主題分別為 "light/diningroom/#"、"light/bedroom/#"、"light/guestroom/#"。訊息負載由 2 個數字組成字串，第 1 個數字為電燈開關編號 1 ～ 4，第 2 個數字 0 或 1，0 表示關燈，1 表示開燈。當 ESP32 接收到訊息，根據電燈開關編號與開關指令作業，完成動作後發布電燈開關狀態訊息，例如：完成打開 Living Room 第 1 號電燈開關，發布訊息主題 "SwitchLivingRoom"，負載 "SW 1 is ON"。

ESP32 在 Living Room

❶ MQTT 用戶識別碼為 'RELAYMODULELivingRoom'。

❷ 回呼函式 receive_command：收到訊息負載第 1 個字元轉為整數後，減 1 為電燈開關在 relay 的索引，負載第 2 個字元 '1' 或 '0'。

```python
from machine import Pin
from utime import sleep
from umqtt.robust2 import MQTTClient

pin_relay = [19, 18, 5, 17]
relay = []
for i in pin_relay:
    relay.append(Pin(i, Pin.OUT))
for i in range(4):
    relay[i].value(1)

mqtt_server = '192.168.0.176'
mqtt_client = 'RELAYMODULELivingRoom'
topic_sub = 'light/livingroom/#'
topic_pub = 'SwitchLivingRoom'
client = MQTTClient(mqtt_client, mqtt_server)
client.connect()
while client.is_conn_issue():
    client.reconnect()
```

```python
pre_status = False
def receive_command(topic, msg, retain, dup):
    global pre_status
    topic = topic.decode('utf-8')
    msg = msg.decode('utf-8')
    print('Message received->' + str(topic) + ': ' + str(msg))
    relay_no = int(msg[0])
    on_off = msg[1]
    if on_off == '1':
        relay[relay_no - 1].value(0)
        msg = "SW {0} is ON".format(relay_n)
        client.publish(topic_pub, msg)
    else:
        relay[relay_no - 1].value(1)
        msg = "SW {0} is OFF".format(relay_no)
        client.publish(topic_pub, msg)
client.set_callback(receive_command)
client.subscribe(topic_sub)
client.check_msg()

try:
    while True:
        client.check_msg()
        sleep(4.0)
except OSError:
    client.disconnect()
    print('Failed in mqtt!')
except KeyboardInterrupt:
    print('Exit now!')
finally:
    client.disconnect()
    esp32.disconnect()
```

ESP32 在 Bed Room：僅列出差異。

```python
mqtt_client = 'RELAYMODULEBedRoom'
topic_sub = 'light/Bedroom/#'
topic_pub = 'SwitchBedRoom'
```

Dining Room、Guest Room 作法與此雷同。

🛜 樹莓派

1. 流程規劃

   Node-RED 流程如圖 9.14,主要有 2 個部分

   (1) 樹莓派發布開關指令訊息:貞面所顯示 16 組電燈開關結點,Living Room 開關名稱 Switch L1 ~ L4、Dining Room 開關名稱 Switch D1 ~ D4、Bed Room 開關名稱 Switch B1 ~ B4、Guest Room 開關名稱 Switch G1 ~ G4,這些開關結點連至 function 結點編輯訊息,再由 mqtt out 結點發布訊息。

   (2) 樹莓派訂閱 ESP32 發布開關狀態訊息:mqtt in 結點接收訊息,在文字框結點顯示開關作動狀態。

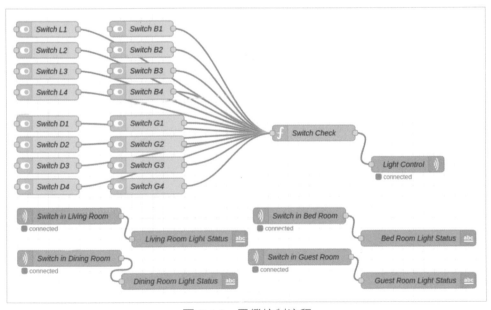

圖 9.14　電燈控制流程

2. 使用者介面設計

按 Node-RED 網頁右上角「≡」＞ View ＞ Dashboard ＞ Layout，「+tab」
新增頁籤 [Light Control]，「+group」新增群組 Living Room、Dining Room、
Bed Room、Guest Room，在「流程規劃區」新增 dashboard 結點，各群組
有 4 個 switch、1 個 text 結點。

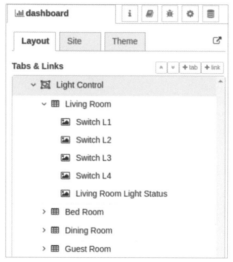

圖 9.15　使用者介面設計：Light Control

3. 各結點說明

(1) switch：電燈開關，初次點擊開關 On，輸出 true，再點擊開關 Off，輸出
false。圖 9.16 為 Living Room 第 1 個開關結點編輯視窗，隸屬於 [Light
Control] Living Room 群組，使用者介面標籤為「SWITCH 1」，主題為
light/livingroom/sw1。Dining Room 第 1 個開關，隸屬於 [Light Control]
Dining Room 群組，主題為 light/diningroom/sw1，其餘群組都要做類似
設定。

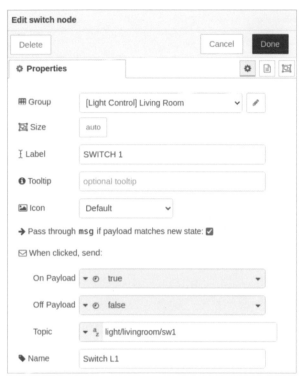

圖 9.16　switch 結點編輯：Switch L1

(2) function：名稱 Switch Check，根據 16 個開關點擊狀況，組成訊息負載。運用函式 split 以分隔字元 "/" 分離主題字串，擷取最後一節子字串：sw1、sw2、sw3、或 sw4，再由前一個結點 payload：true 或 false，組成訊息負載，例如：「Switch L1」On，負載 "11"；「Switch L1」Off，負載 "10"，如圖 9.17。

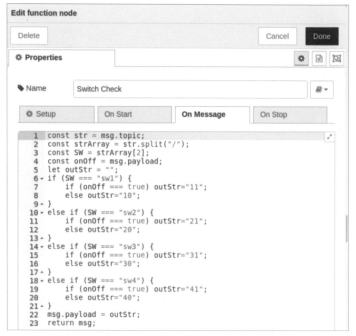

圖 9.17　function 結點編輯：Switch Check

(3) mqtt out：名稱 Light Control，伺服器網址為 localhost:1883，訊息主題欄空白表示承接前一個結點的主題，主題會隨各個開關點擊狀況改變，可以 debug 結點確認主題。QoS 與 Retain 欄位均採用預設值，暫毋須更動。

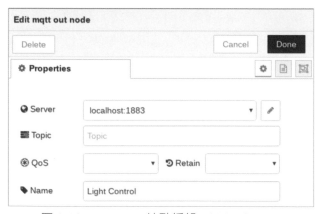

圖 9.18　mqtt out 結點編輯：Light Control

(4) mqtt in：名稱 Switch in Living Room，伺服器網址為 localhost:1883，主題 SwitchLivingRoom。

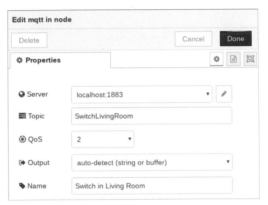

圖 9.19　mqtt in 結點編輯：Switch in Living Room

(5) text：名稱 Living Room Light Status，標籤為「STATUS>>」，隸屬於 [Light Control] Living Room 群組，文字框顯示 Living Room 傳來的訊息。text 結點名稱 Dining Room Light Status，隸屬於 [Light Control] Dining Room 群組，其餘 text 結點設定類似。

圖 9.20　text 結點編輯：Living Room Light Status

4. 執行結果

圖 9.21 為使用者介面，進入 [Light Control] 頁籤，點擊 Living Room 第 4 盞
燈「SWITCH 4」，文字框顯示由 ESP32 傳回的訊息「SW 4 is ON」，點擊
Bed Room 第 3 盞燈「SWITCH 3」，文字框顯示「SW 3 is ON」。

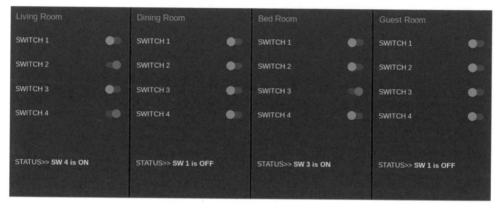

圖 9.21　電燈控制使用者介面

<table>
<tr><td>Living Room</td><td>Dining Room</td><td>Bed Room</td><td>Guest Room</td></tr>
<tr><td>SWITCH 1</td><td>SWITCH 1</td><td>SWITCH 1</td><td>SWITCH 1</td></tr>
<tr><td>SWITCH 2</td><td>SWITCH 2</td><td>SWITCH 2</td><td>SWITCH 2</td></tr>
<tr><td>SWITCH 3</td><td>SWITCH 3</td><td>SWITCH 3</td><td>SWITCH 3</td></tr>
<tr><td>SWITCH 4</td><td>SWITCH 4</td><td>SWITCH 4</td><td>SWITCH 4</td></tr>
<tr><td>STATUS>> SW 4 is ON</td><td>STATUS>> SW 1 is OFF</td><td>STATUS>> SW 3 is ON</td><td>STATUS>> SW 1 is OFF</td></tr>
</table>

9.3　溫濕度量測與顯示：應用 BLE 通訊

將 9.1 節使用「MQTT 通訊」傳遞訊息的方式改為「BLE 通訊」，所使用的硬
體、電路全部相同，毋須變動，ESP32 程式與樹莓派 Node-RED 流程局部修
改。本節只討論 Living Room。

🛜 ESP32 部分

啟動 Thonny Python IDE，根據例題 6.5 程式修改，僅說明不同處，其餘請參考
6.4 節。ESP32 只需傳遞溫濕度值，毋須判斷接收到何種指令。

1. 電路布置：如 9.1 節。

2. 程式

   (1) 使用 Nordic UART Service UUID。

   (2) 建立 BLE 物件：名稱 living_room，BLE 裝置名稱 LivingRoom。

   (3) 建立 dht 物件：名稱 sensor。

   (4) 回呼函式 irq：觸發中斷事件函式，當樹莓派寫入任何訊息至「RX 特徵」觸發中斷事件；ESP32 量測溫濕度並傳送資料，利用 str 函式將浮點數轉為字串，同時以 '/' 隔開兩數值；由於 BLE 通訊是以位元組傳送，本程式不使用「JSON 資料格式」字串傳送，與例題 6.5 不同。

```python
from machine import Pin
from utime import sleep
import ubluetooth as ubl
from micropython import const
from ble_advertising import advertising_payload
import dht

_IRQ_GATTS_WRITE = const(3)
sensor = dht.DHT22(Pin(19, Pin.IN, Pin.PULL_UP))

class BlueTooth_LE():
    def __init__(self, name):
        self.name = name
        self.ble = ubl.BLE()
        self.ble.active(True)
        self.ble.irq(self.irq)
        self.register()
        self.advertise()

    def irq(self, event, data):
        if event == _IRQ_GATTS_WRITE:
            '''Received message'''
            buffer = self.ble.gatts_read(self.rx)
            message = buffer.decode('UTF-8').strip()
            sensor.measure()
```

```
            sleep(1)
            t = sensor.temperature()
            h = sensor.humidity()
            msg = str(t) + '/' + str(h)
            self.send(msg)

    def register(self):
        # Nordic UART Service
        service_UUID = '6E400001-B5A3-F393-E0A9-E50E24DCCA9E'
        RX_UUID = '6E400002-B5A3-F393-E0A9-E50E24DCCA9E'
        TX_UUID = '6E400003-B5A3-F393-E0A9-E50E24DCCA9E'
        esp32_service = ubl.UUID(service_UUID)
        esp32_RX = (ubl.UUID(RX_UUID), ubl.FLAG_WRITE,)
        esp32_TX = (ubl.UUID(TX_UUID), ubl.FLAG_READ | ubl.FLAG_NOTIFY,)

        esp32_UART = (esp32_service, (esp32_TX, esp32_RX,))
        services = (esp32_UART, )
        ((self.tx, self.rx,), ) = self.ble.gatts_register_services(services)

    def send(self, data):
        self.ble.gatts_notify(0, self.tx, data + '\n')

    def advertise(self):
        self.ble.gap_advertise(100, advertising_payload(name=self.name))
living_room = BlueTooth_LE("LivingRoom")
```

🛜 樹莓派

本例 ESP32 的 MAC 為 c4:4f:33:55:d1:9b（請讀者確認 MAC）。

1. 流程規劃

   利用 inject 設定特徵 UUID，讀取或寫入特徵，流程總共使用 2 個 inject、
   generic-BLE in、generic-BLE out、1 個 function、2 個 gauge、 以 及 1 個

debug 結點，如圖 9.22，圖中顯示 connected 表示已連上 BLE 裝置（本例 Living Room）

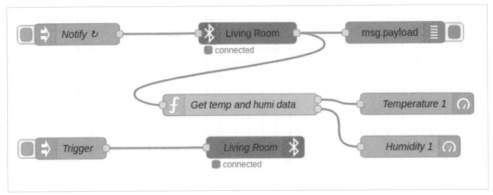

圖 9.22　流程規劃：溫濕度顯示

2.　各結點說明：請參考例題 8.6

- ◆ generic-BLE out、in：名稱 Living Room，掃描鄰近 BLE 裝置（BLE Scanning）。

- ◆ inject：名稱 Trigger，點擊注入點，只須設定 payload，如圖 9.23，其中關鍵詞為 RX 特徵 UUID" 6e400002b5a3f393e0a9e50e24dcca9e"，值為傳遞訊息，這訊息只是讓 ESP32 收到後開始量測溫濕度，可以任意字串，例如：「1」，它的 16 進位 ASCII 碼為 0x31。若需持續讀取溫濕度，可以設定每間隔一段時間啟動流程一次。

圖 9.23　inject 結點編輯 payload：Trigger

◆ inject：名稱 Notify，與例題 8.6Notify 結點相同

◆ function：名稱 Get temp and humi data，先取得「TX 特徵」UUID 的內容，將 16 進位 ASCII 碼轉成字串後，利用 split 函式以分隔字元 "/" 分開兩筆子字串：第 1 筆溫度值、第 2 筆濕度值，再利用 parseInt 將字串轉為整數，2 個訊息輸出，JavaScript 程式如圖 9.24

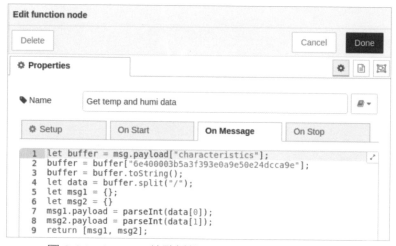

圖 9.24　function 結點編輯：Get temp and humi data

◆ gauge：2 個指針式儀表，名稱分別為 Temperature 1、Humidity 1，顯示溫度值、濕度值

3. 執行結果：如同圖 9.11。

本章習題

9.1 試製作 2 個場所的照度量測與顯示系統，設 2 個 ESP32，參考例題 5.5 接線組裝光敏電阻感測電路。MQTT 伺服器、訊息訂閱者設在樹莓派，ESP32 為訊息發布者。提示：2 個 ESP32 各自擁有唯一 MQTT 用戶端識別碼。

9.2 習題 9.1 採用 BLE 通訊方式。

9.3 試設計 2 處電燈控制系統，以隨機方式打開 1 盞電燈，經過一段時間（也以隨機方式產生）後關掉電燈。ESP32 設繼電器模組，利用 2 個常開接點控制電燈開關。MQTT 伺服器、指令訊息發布者設在樹莓派，ESP32 為指令訊息訂閱者。這系統可以應用在人不在家時，不定時打開電燈，讓宵小誤以為有人在家。註：使用低準位觸發繼電器模組。提示：樹莓派每隔一段時間產生 2 組隨機整數，組成字串，透過 MQTT 發布訊息。

9.4 習題 9.3 採用 BLE 通訊方式。

MEMO

10

CHAPTER

居家設備
控制系統

本章討論的居家設備包括餐廳咖啡機、客廳窗簾、主臥室百葉窗等 3 項，使用者介面位分別為 [Appliance] 頁籤「Coffee Maker」、「Curtain」、「Shutter」群組。

10.1 咖啡機啟動控制

咖啡機種類眾多，它原本的控制方式有單純開關、定時、或更多功能，在此僅針對控制單純開關的咖啡機，所需的飲用水、咖啡粉已經預先盛好，只需打開或切斷電源控制咖啡機的開機與關機。以這樣的方式控制咖啡機，乍看之下是一項簡單的工作，似乎只需要 9.2 節提到的繼電器模組就夠了，但是若需要定時開機、關機，則需定時器。本節利用 Node-RED 定時結點以軟體方式設定開機與關掉時間，而非加裝硬體計時器。基本硬體組成

- 樹莓派
- ESP32
- 繼電器模組

2 種控制模式

- 手動模式
    - ◆ 開機
    - ◆ 開機 30 分鐘後關機
    - ◆ 即刻關機
- 自動模式：根據平日或週末設定開啟、關掉咖啡機時間
    - ◆ 星期一至星期五：早上 06:30 開機，07:00 關機
    - ◆ 星期六、日：早上 08:30 開機，09:00 關機

本節藉由控制咖啡機開機、關機說明如何利用 Node-RED 規劃「定時控制流程」，所談的技術內容可以應用至控制其他裝置，例如：花圃定時澆水系統。

🛜 ESP32

1. 電路布置

    ESP32 的 GPIO19 接繼電器模組，採用低準位觸發繼電器模組。

2. 程式

    (1) 建立 MQTTClient 物件：用戶識別碼為 'COFFEEMAKER'，伺服器為樹莓派 IP（本例 '192.168.0.176'）。

    (2) ESP32 訂閱訊息主題 "appliance/coffeemaker"，接收到的訊息負載為 '0' 或 '1'，分別表示關掉或開啟咖啡機，完成後，發布咖啡機狀態訊息，主題為 "CoffeeMaker"，負載為 "Coffee is ON" 或 "Coffee is OFF"。

    (3) 回呼函式 receive_command：若收到 '1' 的訊息，繼電器激磁，若收到 '0'，繼電器失磁。

```python
from machine import Pin
from utime import sleep
from umqtt.robust2 import MQTTClient

relay_pin = 19
relay = Pin(relay_pin, Pin.OUT)
relay.value(1)

mqtt_server = '192.168.0.176'
mqtt_client = 'COFFEEMAKER'
topic_sub = 'appliance/coffeemaker'
topic_pub = 'CoffeeMaker'
client = MQTTClient(mqtt_client, mqtt_server)
client.connect()
while client.is_conn_issue():
    client.reconnect()

pre_status = False
def receive_command(topic, msg, retain, dup ):
    topic = topic.decode('utf-8')
    msg = msg.decode('utf-8')
    print('Message received->' + str(topic) + ': ' + str(msg))
```

```
    on_off = msg[0]
    if on_off == '1':
        relay.value(0)
        msg = "Coffee is ON"
        client.publish(topic_pub, msg)
    else:
        relay.value(1)
        msg = "Coffee is OFF"
        client.publish(topic_pub, msg)
client.set_callback(receive_command)
client.subscribe(topic_sub)
client.check_msg()
try:
    while True:
        client.check_msg()
        sleep(4.0)
except OSError:
    client.disconnect()
    print('Failed in mqtt!')
except KeyboardInterrupt:
    print('Exit now!')
finally:
    client.disconnect()
    esp32.disconnect()
```

3. 執行結果

    以手動模式控制咖啡機，圖 10.1 顯示接收到的訊息，0 表示關機，1 表示
    開機。

```
Shell ×
MicroPython v1.16 on 2021-06-23; ESP32 module with ESP32
Type "help()" for more information.
>>> %Run -c $EDITOR_CONTENT
 Message received->appliance/coffeemaker: 1
 Message received->appliance/coffeemaker: 0
 Message received->appliance/coffeemaker: 1
 Message received->appliance/coffeemaker: 0
```

圖 10.1　ESP32 接收到咖啡機啟動指令

🛜 樹莓派

安裝 timerswitch 結點，按 Node-RED 網頁右上角「 ≡ 」> Manage palette > Install， 搜 尋「timerswitch」， 出 現 node-red-contrib-timerswitch， 點 擊「install」，安裝完成後，重新整理網頁。

1. 流程規劃

   整個流程如圖 10.2，分成 4 個部分

   ◆ Manual Operation：手動模式控制咖啡機

   ◆ Auto Start：設定自動開機、關機時間

   ◆ Response：咖啡機使用狀態回報

   ◆ Date and Time：顯示日期與時間

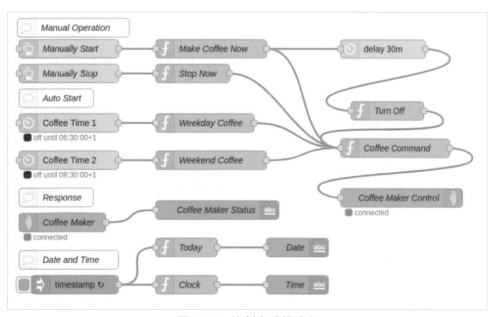

圖 10.2　控制咖啡機流程

2. 使用者介面設計

   按 Node-RED 網頁右上角「 ≡ 」 > View > Dashboard > Layout，在
   [Appliance] 頁籤，「+group」新增「Coffee Maker」群組，在「流程規劃區」
   新增「Manually Start」、「Manually Stop」、「Date」、「Time」、「Coffee Maker
   Status」等 dashboard 結點，結點間增加間隔（spacer），如圖 10.3。

   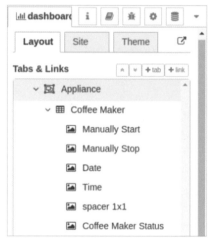

   圖 10.3　使用者介面設計：Coffee Maker

3. 各結點說明

   (1) Manually Start

   - button：名稱 Manually Start，標籤為「TURN ON」，點擊開關輸出
     true，啟動咖啡機

圖 10.4 button 結點編輯：Manually Start

- button：名稱 Manually Stop，標籤為「TURN OFF」，點擊開關輸出 true，關掉咖啡機

- function

  ➢ Make Coffee Now：若輸入訊息負載為 true，輸出 "1"；false，輸出 "0"

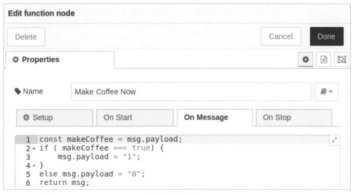

圖 10.5 function 結點編輯：Make Coffee Now

➤ Stop Now：若輸入訊息負載為 true，設定 flow 變數 'stop' 為 true，提供無論在自動或手動模式都可以關掉咖啡機

圖 10.6　function 結點編輯：Stop Now

➤ Turn Off：輸出 "0" 至 mqtt out 結點，用於手動模式開機 30 分鐘後關機

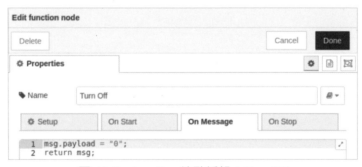

圖 10.7　function 結點編輯：Turn Off

● mqtt out：名稱 Coffee Maker Control，伺服器網址為 localhost: 1883，主題為 appliance/coffeemaker

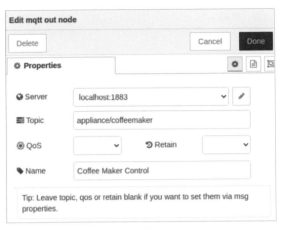

圖 10.8 mqtt out 結點編輯：Coffee Maker Control

(2) Auto Start

- timerswitch
  - Coffee Time 1：平日開機時間 06:30 開始輸出 on，07:00 過後輸出 off，如圖 10.9，on 與 off 為字串

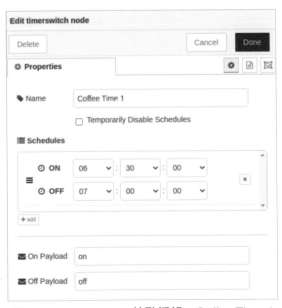

圖 10.9 timerswitch 結點編輯：Coffee Time 1

➢ Coffee Time 2：週末開機時間 08:30 開始輸出 on，09:00 過後輸出 off

● function

➢ Weekday Coffee：Date().getDay() 取得當天是星期幾，回傳值 0 表示星期日、1 表示星期一、以此類推。如果當天是星期一至星期五的任一天，根據 timerswitch 訊息設定流程變數 "coffee1"，若 "on"，設為 "1"；"off"，設為 "0"，如圖 10.10，"coffee1" 決定平日的開機或關機

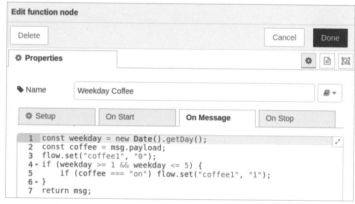

圖 10.10　function 結點編輯：Weekday Coffee

➢ Weekend Coffee：如果是星期六或日，根據 timerswitch 訊息設定流程變數 "coffee2"，若 "on"，設為 "1"，若是 "off"，設為 "0"，如圖 10.11，"coffee2" 決定週末的開機或關機

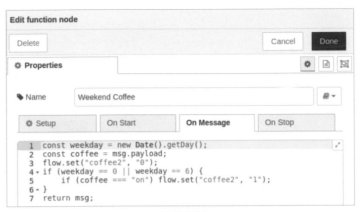

圖 10.11　function 結點編輯：Weekend Coffee

➤ Coffee Command：取得流程變數 "stop"、"coffee1" 與 "coffee2"，
只要 "coffee1" 與 "coffee2" 任何一個等於 "1"，輸出訊息 "1"，開
機，如圖 10.12，除了這兩個時段自動啟動咖啡機外，還可以手
動模式控制，結點會保留手動模式的訊息。另外，若按下「TURN
OFF」按鍵，可以關掉咖啡機，即使是在預設開機時段

圖 10.12　function 結點編輯：Coffee Command

(3) Response

- mqtt in：名稱 Coffee Maker，伺服器網址為 localhost:1883，訂閱主題為 CoffeeMaker（註：字串中無空格）

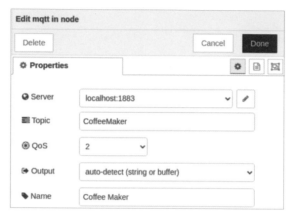

圖 10.13　mqtt in 結點編輯：Coffee Maker

- text：名稱 Coffee Maker Status，標籤「STATUS>>」，顯示咖啡機使用狀態，隸屬於 [Appliance]Coffee Maker 群組

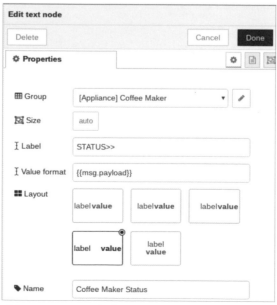

圖 10.14　text 結點編輯：Coffee Maker Status

(4) Date and Time

● inject：0.1s 後啟動流程，接著每間隔 1s 啟動新流程

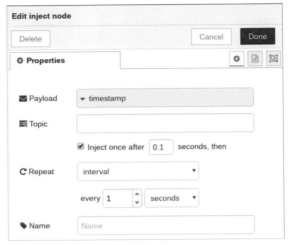

圖 10.15　inject 結點編輯

● function

➢ Today：Date().toLocaleDateString() 取得日期，如圖 10.16

圖 10.16　function 結點編輯：Today

➤ Clock：Date().toLocaleTimeString() 取得時間，如圖 10.17

圖 10.17　function 結點編輯：Clock

● text

➤ Date：標籤為「Date:」，顯示日期，如圖 10.18

圖 10.18　text 結點編輯：Date

➤ Time：標籤為「Time:」，顯示時間，如圖 10.19

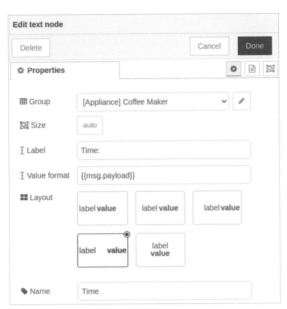

圖 10.19 text 結點編輯：Time

4. 執行結果

使用者介面如圖 10.20，以手動模式開機、關機，ESP32 回傳咖啡機已關機訊息「Coffee is OFF」，同時顯示日期、時間。

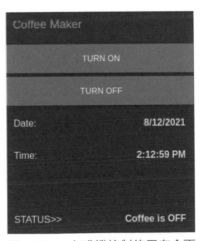

圖 10.20 咖啡機控制使用者介面

10.2 窗簾控制

客廳的窗簾，分成「全部闔上」、「拉開一半」、「完全拉開」3 個位置，以 3 個極限開關（limit switch）對應窗簾位置。利用直流馬達控制窗簾開闔，馬達轉軸順時針旋轉（CW）為拉開窗簾、逆時針旋轉（CCW）為闔上窗簾。控制方式以窗簾當時的位置決定馬達的正反轉，當窗簾在

- 「全部闔上」（Close）位置：要「拉開一半」（Half Open）或「完全拉開」（Full Open），馬達轉軸順時針旋轉

- 「拉開一半」位置：要「完全拉開」，馬達轉軸順時針旋轉，若要「全部闔上」，逆時針旋轉

- 「完全拉開」位置：要「全部闔上」或「拉開一半」，馬達轉軸逆時針旋轉

- 全程由極限開關的作動確認窗簾是否到達目標位置

馬達正反轉與窗簾開闔指令如表 10.1，表中指令與代號

- 0：窗簾「全部闔上」

- 1：窗簾「拉開一半」

- 2：窗簾「完全拉開」

- CW：順時針旋轉

- CCW：逆時針旋轉

- Still：維持靜止

例如：要「完全拉開」的指令是 2，如果窗簾目前「拉開一半」（Half Open）位置，表格第 3 列、第 2 行欄位內容為 CW，馬達將會順時針旋轉直到碰到「完全拉開」位置的極限開關後停止；為防範極限開關不動作，若超出預估全程轉動所需時間，馬達停止轉動。

表 10.1 馬達正反轉與窗簾開闔指令

指令	窗簾目前開闔狀態		
	Close	**Half Open**	**Full Open**
0	Still	CCW	CCW
1	CW	Still	CCW
2	CW	CW	Still

基本硬體組成

- 樹莓派
- ESP32
- 直流馬達
- L293D 馬達驅動器
- 3 個極限開關

📶 ESP32

1. 電路布置

   ESP32 的 GPIO12、14、27 分別接「全部闔上」、「拉開一半」、「完全拉開」位置的極限開關,未觸及窗簾前均為高準位(使用內部提升電阻),一旦觸及轉為低準位。馬達控制部分,使用 L293D 馬達驅動器(Quadruple Half-H Driver),腳位如圖 10.21。(https://www.ti.com/lit/ds/symlink/l293.pdf)

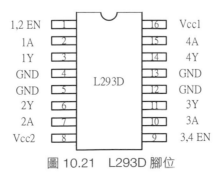

圖 10.21 L293D 腳位

本例僅一個直流馬達，L293D 腳位連接至 ESP32

◆ 腳位 1（頻道 1、2 致能）接至 GPIO19，控制馬達轉動

◆ 腳位 2（1A）接至 GPIO18，腳位 7（2A）接至 GPIO5，控制馬達正反轉

◆ 腳位 3、6 接至馬達電源線

◆ 腳位 8 接 5V 或 9V 電池，供馬達用電

◆ 腳位 4、5 接地

◆ 腳位 16 接 5V（ESP 提供電源），馬達驅動器內部用電

◆ 腳位 12、13 接地

電路圖 10.22，圖中馬達與 **ESP32** 使用不同電源。

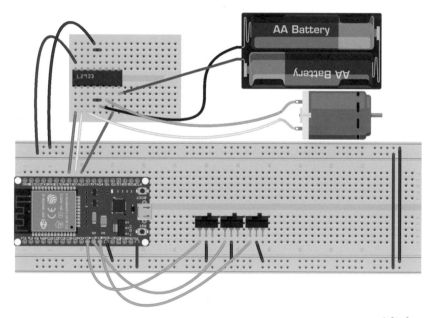

fritzing

圖 10.22　窗簾控制電路

2. 程式

(1) 匯入 machine 的 Pin、utime、與 MQTTClient 模組。

(2) 訂閱訊息主題為 "appliance/curtain"，發布訊息主題為 "Curtain"。

(3) 回呼函式 receive_command：3 種指令訊息分別為 "0"「全部闔上」、"1"「拉開一半」、"2"「完全拉開」。利用全域變數 cmd 儲存指令。

(4) 馬達控制方式

- 轉動控制：腳位 GPIO19，高準位時馬達轉動，低準位時停止轉動

- 正反轉控制

  ➤ GPIO18/GPIO5=HIGH/LOW：馬達轉軸逆時針旋轉

  ➤ GPIO18/GPIO5=LOW/HIGH：馬達轉軸順時針旋轉

  正反轉以面向馬達轉軸判定，馬達正反轉會隨接線正反向不同

(5) rotate：指令（cmd）與目前窗簾位置（pre_cmd，即前一次指令）轉成整數後分別為表格的列與行索引，根據表 10.1 所製作 cmd_table 可以決定馬達正反轉；同時在馬達轉動中偵測接極限開關腳位狀態，若馬達旋轉超過一段時間（本例為 5000ms，讀者可以根據窗簾寬度、實際運轉情況調整），可能是極限開關未正常運作，馬達停止轉動。utime.ticks_ms() 函式回傳自本程式開始執行到當下累計的毫秒數，先記錄馬達開始轉動時間 time0，讀取極限開關狀態的同時計算馬達運轉時間，即 utime.ticks_ms() – time0。

(6) 設定回呼函式：client.set_callback(receive_command)。

(7) 主程式

- 檢查訊息：client.check_msg()

- 呼叫 rotate 函式

```python
from machine import Pin
import utime
from umqtt.robust2 import MQTTClient

motor_run_pin = 19
motor_dir_pins = [18, 5]
LS_pins = [12, 14, 27]
motor_run = Pin(motor_run_pin, Pin.OUT)
motor_dir = []
for i in motor_dir_pins:
    motor_dir.append(Pin(i, Pin.OUT))

motor_run.value(0)
LS = []
for i in LS_pins:
    LS.append(Pin(i, Pin.IN, Pin.PULL_UP))

cmd_table = [['Still', 'CCW', 'CCW'],\
             ['CW', 'Still', 'CCW'],\
             ['CW', 'CW', 'Still']]
msg_pub = ['Curtain is closed','Curtain is half open', 'Curtain is
full open']

mqtt_server = '192.168.0.176'
mqtt_client = 'CurtainControl'
topic_sub = 'appliance/curtain'
topic_pub = 'Curtain'
client = MQTTClient(mqtt_client, mqtt_server)
client.connect()
while client.is_conn_issue():
    client.reconnect()

cmd = '0'
pre_cmd = '0'

def rotate():
    global cmd, pre_cmd, motor_run, motor_dir, LS
```

```
    row = int(cmd)
    col = int(pre_cmd)
    CCW = cmd_table[row][col]
    if CCW == 'Still':
        pass
    else:
        time0 = utime.ticks_ms()
        if CCW == 'CCW':
            motor_dir[0].value(1)
            motor_dir[1].value(0)
        else:
            motor_dir[0].value(0)
            motor_dir[1].value(1)
        while (LS[row].value() == 1 and utime.ticks_ms() - time0 <
5000):
            motor_run.value(1)
        motor_run.value(0)
    pre_cmd = cmd
    client.publish(topic_pub, msg_pub[row])

def receive_command(topic, msg, retain, dup):
    global cmd
    topic = topic.decode('utf-8')
    msg = msg.decode('utf-8')
    print('Message received->' + str(topic) + ': ' + str(msg))
    cmd = msg[0]
client.set_callback(receive_command)
client.subscribe(topic_sub)
client.check_msg()

try:
    while True:
        client.check_msg()
        rotate()
        utime.sleep(4.0)
except OSError:
    client.disconnect()
```

```
    print('Failed in mqtt!')
except KeyboardInterrupt:
    print('Exit now!')
finally:
    client.disconnect()
    esp32.disconnect()
```

3. 執行結果

在使用者介面點擊按鍵，經伺服器發布指令訊息，ESP32 接收訊息，如圖
10.23，窗簾依序「拉開一半」、「全部拉開」、「完全闔上」、再「拉開一半」。

```
Shell ×
MicroPython v1.16 on 2021-06-23; ESP32 module with ESP32
Type "help()" for more information.
>>> %Run -c $EDITOR_CONTENT
 Message received->appliance/curtain: 1
 Message received->appliance/curtain: 2
 Message received->appliance/curtain: 0
 Message received->appliance/curtain: 1
```

圖 10.23　Thonny Python IDE Shell 顯示控制窗簾情形

🛜 樹莓派

樹莓派控制窗簾開闔與擔任 MQTT 伺服器。

1. 流程規劃

流程如圖 10.24，3 個 button、1 個顯示窗簾開度的 Text 、1 個 mqtt out、1
個 mqtt in 結點。

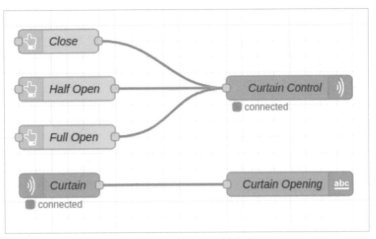

圖 10.24 窗簾控制流程

2. 使用者介面設計

按 Node-RED 網頁右上角「 ≡ 」> View > Dashboard > Layout，頁
籤 [Appliance]，「+group」新增 Curtain 群組，在「流程規劃區」新增
「Close」、「Half Open」、「Full Open」以及「Curtain Opening」結點，如圖
10.25。

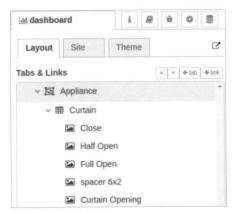

圖 10.25 使用者介面設計：Curtain

3. 各結點說明

(1) button

- Close：訊息負載為 0

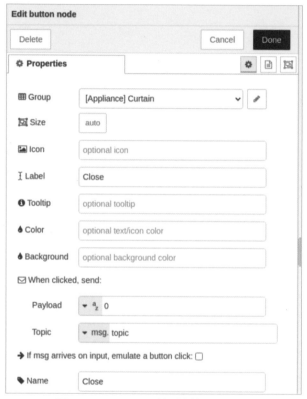

圖 10.26　button 結點編輯：Close

- Half Open：訊息負載為 1
- Full Open：訊息負載為 2

(2) mqtt out：名稱 Curtain Control，伺服器網址為 localhost:1883，主題為 appliance/curtain。

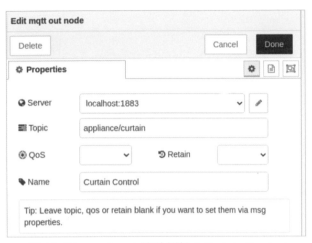

圖 10.27　matt out 結點編輯：Curtain Control

(3) mqtt in：名稱 Curtain，伺服器網址為 localhost:1883，主題為 Curtain。

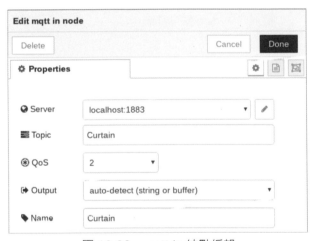

圖 10.28　matt in 結點編輯

(4) text：名稱 Curtain Opening，標籤為「STATUS>>」，顯示窗簾的開闔
狀態。

圖 10.29　text 結點編輯：Curtain Opening

4. 執行結果

使用者介面如圖 10.30，依序點擊「HALF OPEN」、「FULL OPEN」、「CLOSE」、「HALF OPEN」按鍵，ESP32 控制窗簾，碰到極限開關後，回傳訊息，顯示最近窗簾開闔狀態為「Curtain is half open」。

圖 10.30　窗簾控制使用者介面

10.3 百葉窗控制

以手動或自動方式調整主臥室百葉窗的葉片角度，自動控制部分，根據照度調整百葉窗，以光敏電阻作為感測器，配合固定電阻器輸出 3.3 ～ 0V 電壓（請參考 5.4 節），再轉換成分布範圍為 0 ～ 100 的數值，代表相對照度值。百葉窗角度調整範圍 90 ～ 0°，90° 百葉窗全開，0° 全關。以型號 MG995 伺服馬達轉動百葉窗角度，模擬百葉窗開度控制。註：讀者可根據實際狀況，建立照度與控制百葉窗角度的關係。

基本硬體組成

- 樹莓派
- ESP32
- 伺服馬達 MG995
- 光敏電阻（CdS 5mm，CD5592）

🛜 ESP32

量測照度，發布訊息至 MQTT 伺服器，若以手動調整開度，樹莓派發布調整百葉窗角度的指令，指令格式為 "x 開度 "，例如："x50" 為調整百葉窗至 50% 開度；若為自動方式，樹莓派發布 "a" 指令。

1. 電路布置

    百葉窗控制電路如圖 10.31，光敏電阻器一側接 10kΩ、3.3V，另一側接 GND，ESP32 的類比訊號輸入接點 ADC1 第 0 頻道（GPIO36）；GPIO19 接 MG995 伺服馬達控制訊號輸入，ESP32 提供 5V 電源給伺服馬達使用。

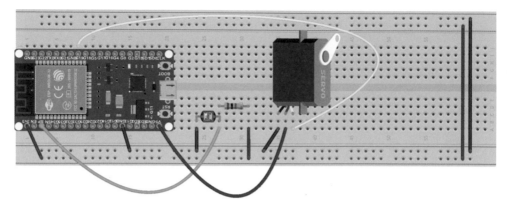

fritzing

圖 10.31　百葉窗控制電路

2. 程式

(1) 匯入 machine 的 Pin、ADC、utime 的 sleep、與 MQTTClient 模組。

(2) 建立 ADC 物件：名稱 adc，類比訊號輸入腳位 GPIO36；設定最高量測電壓值為 3.6V，adc.atten(ADC.ATTN_11DB)。

(3) 訂閱主題：主題為 'appliance/shutter'。

(4) 發布主題：兩個主題，分別為 'Illuminance'、'Shutter'。

(5) 回呼函式 receive_command：2 種指令訊息

- 手動：指令為「'x' + 開度」，開度 0 ~ 100，設定 operation 為 True，訊息第 2 字元以後轉換為整數 opening（百葉窗開度）

- 自動：指令為 'a'，設定 operation 為 False，opening = 0

(6) 建立 PWM 物件：名稱 servo，GPIO19 輸出 PWM 控制訊號，頻率 50Hz。先將開度以 map 函式轉換至 0 ~ 90°，再設定占空比 duty。

(7) 主程式：每間隔 4s 量測照度，同時發布訊息至 MQTT 伺服器。若接收到百葉窗指令，執行伺服馬達轉動控制後，發布訊息主題為 'Shutter'、負載為 'Shutter [開度] percent open'。

```
from machine import Pin, ADC
from utime import sleep
from umqtt.robust2 import MQTTClient

servo_pin = 19
servo = machine.PWM(Pin(servo_pin), freq=50)
duty = [40, 110]
adc_pin = 36
adc = ADC(Pin(adc_pin))
adc.atten(ADC.ATTN_11DB)

mqtt_server = '192.168.0.176'
mqtt_client= 'ShutterControl'
topic_sub = 'appliance/shutter'
topic_pub1 = 'Illuminance'
topic_pub2 = 'Shutter'
client = MQTTClient(mqtt_client, mqtt_server)
client.connect()
while client.is_conn_issue():
    client.reconnect()

operation = False
illuminance = 0
opening = 0

def receive_command(topic, msg, retain, dup):
    global operation, opening
    topic = topic.decode('utf-8')
    msg = msg.decode('utf-8')
    print('Message received->' + str(topic) + ': ' + str(msg))
    cmd = msg[0]
    if cmd == 'x':
        operation = True
        opening = int(msg[1:])
    elif cmd == 'a':
        operation = False
        opening = 0

def map(x, from_low, from_high, to_low, to_high):
    return to_low + (to_high - to_low)/(from_high - from_low)*(x -
from_low)
```

```
client.set_callback(receive_command)
client.subscribe(topic_sub)
client.check_msg()

try:
    while True:
        client.check_msg()
        illuminance = adc.read()
        illuminance = map(illuminance, 0, 4095, 0, 100)
        illuminance = int(100 - illuminance)
        msg = '{' + '"Illuminance": {}'.format(illuminance) + '}'
        client.publish(topic_pub1, msg)
        if operation == True:
            msg = 'Shutter {} percent open'.format(opening)
            shutter_opening = map(opening, 0, 100, duty[0], duty[1])
            servo.duty(int(shutter_opening))
            client.publish(topic_pub2, msg)
        else:
            opening = int(100 - illuminance)
            msg = 'Shutter {} percent open'.format(opening)
            opening = map(opening, 0, 100, duty[0], duty[1])
            servo.duty(int(opening))
            client.publish(topic_pub2, msg)
        sleep(4.0)
except OSError:
    client.disconnect()
    print('Failed in mqtt!')
except KeyboardInterrupt:
    print('Exit now!')
finally:
    client.disconnect()
    esp32.disconnect()
```

3. 執行結果

　　ESP32 接收到百葉窗開啟指令訊息，如圖 10.32，第 1 次手動調整 88% 開
度、第 2 次調至 42%，轉為自動後，顯示 a，依據照度調整，驅動伺服馬達
調整百葉窗開度，完成動作後，發布訊息。

```
Shell ×
MicroPython v1.16 on 2021-06-23; ESP32 module with ESP32
Type "help()" for more information.
>>> %Run -c $EDITOR_CONTENT
 Message received->appliance/shutter: x88
 Message received->appliance/shutter: x42
 Message received->appliance/shutter: a
```

圖 10.32　Thonny Python IDE Shell 顯示百葉窗控制

🛜 樹莓派

樹莓派負責手動控制百葉窗開啟與擔任 MQTT 伺服器腳色。

1. 流程規劃

   整個流程如圖 10.33，分成 3 個部分

   ◆ Shutter Open Command：發布百葉窗開啟指令

   ◆ Illuminance Data：接收照度資料

   ◆ Opening Data：接收百葉窗開啟資料

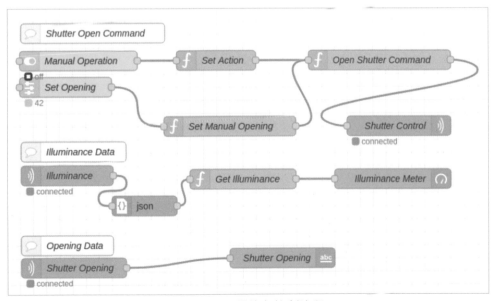

圖 10.33　百葉窗控制流程

2. 使用者介面設計

按 Node-RED 網頁右上角「≡」> View > Dashboard > Layout，頁籤 [Appliance]，「+group」新增群組 Shutter，在「流程規劃區」新增「Manual Operation」、「Set Opening」、「Illuminance Meter」以及「Shutter Opening」結點，如圖 10.34。

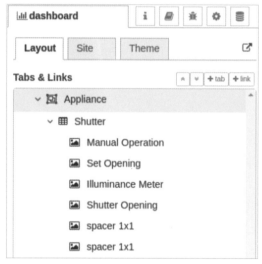

圖 10.34　使用者介面設計：Shutter

3. 各結點說明

(1) Shutter Open Command：分手動與自動調整百葉窗，手動直接設定開度

- switch：名稱 Manual Operation，標籤為「MANUAL OPERATION」，點擊開關 On，輸出 true，手動調整百葉窗，再點擊 Off，輸出 false，改為自動調整百葉窗

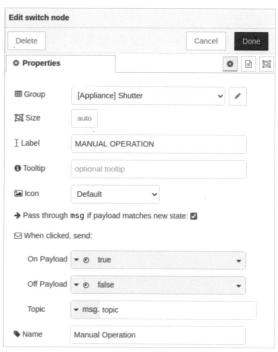

圖 10.35　swltch 結點編輯：Manual Operation

- function

  ➤ Set Action：當百葉窗切換手動操作時，設定 flow 變數 'action' 為
    'm'；若自動，設為 'a'

圖 10.36　function 結點編輯：Set Action

> Open Shutter Command：組成百葉窗開啟指令，先取得 flow 變數 'opening'（手動開度 opening），手動操作指令為 'x'+opening，若 自動，指令為 'a'

圖 10.37　function 結點編輯：Open Shutter Command

> Set Manual Opening：設定 flow 變數 'opening'

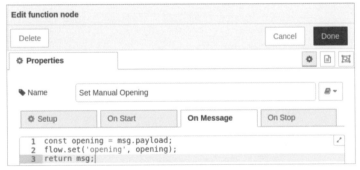

圖 10.38　function 結點編輯：Set Manual Opening

- mqtt out：名稱 Shutter Control，伺服器網址 192.168.0.176:1883，主題為 appliance/shutter

- slider：名稱 Set Opening，開度範圍 0 ～ 100

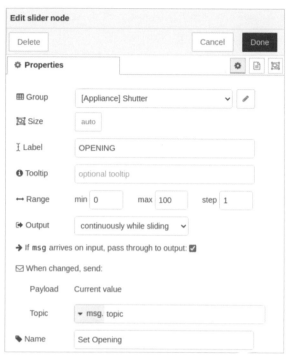

圖 10.39　slider 結點編輯：Set Opening

(2) Illuminance Data：顯示照度資料，結點有

- mqtt in：名稱 Illuminance，伺服器網址 192.168.0.176:1883，訂閱主題 Illuminance

- json：將負載轉換成「JSON 資料格式」

- function：名稱 Get Illuminance，取得照度資料

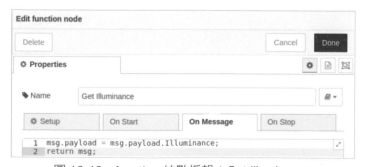

圖 10.40　function 結點編輯：Get Illuminance

- gauge：名稱 Illuminance Meter，標籤為「ILLUMINANCE」，隸屬於 [Appliance] Shutter 群組

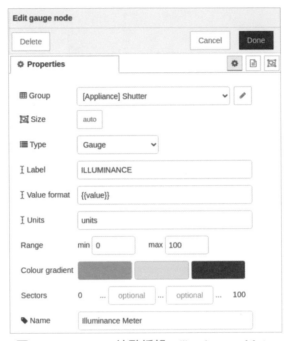

圖 10.41　gauge 結點編輯：Illuminance Meter

(3) Opening Data

- mqtt in：名稱 Shutter Opening，伺服器網址 192.168.0.176:1883，訂閱主題 Shutter

- text：名稱 Shutter Opening，標籤為「STATUS>>」，顯示百葉窗開啟狀態，隸屬於 [Appliance] Shutter 群組

4. 執行結果

使用者介面如圖 10.42，目前採用自動控制模式，照度為 54%，ESP32 完成動作，回傳訊息，畫面顯示百葉窗開啟狀態「Shutter 46 percent open」。

圖 10.42　使用者介面

利用智慧型手機連結至 192.168.0.176:1880/UI/，出現類似畫面，亦可以手動控制百葉窗開度。

10.1 試設計一電動熱水瓶（electric water boiler）控制系統，設定早上 5 時開啟電源，開始煮水，晚上 11 時關掉電源，達到省電功效。ESP32 設繼電器模組，利用常開接點控制電動熱水瓶電路。MQTT 伺服器、指令訊息發布者設在樹莓派，ESP32 為指令訂閱者。註：使用低準位觸發繼電器模組。

10.2 習題 10.1 採用 BLE 通訊方式。

10.3 試設計花圃自動澆水（watering）控制系統，設定每天上午 10 時，打開電磁閥開關，15m 後，關掉開關。ESP32 設繼電器模組，利用常開接點控制電磁閥。MQTT 伺服器、指令訊息發布者設在樹莓派，ESP32 為指令訂閱者。註：常閉電磁閥，通電時開啟；使用低準位觸發繼電器模組。

10.4 習題 10.3 採用 BLE 通訊方式。

10.5 試設計寵物自動餵食（feeding）控制系統，ESP32 設伺服馬達控制飼料出口閘門的開啟與關閉。設定 3 個時段：上午 8 時、中午 12 時、下午 6 時，每到設定時間，伺服馬達旋轉 90° 打開閘門，停留 10s 後，伺服馬達旋轉至 0° 關閉閘門。MQTT 伺服器、指令訊息發布者設在樹莓派，ESP32 為指令訂閱者。

10.6 習題 10.5 採用 BLE 通訊方式。

11
CHAPTER

居家安全
監視系統

本章利用樹莓派建立居家安全監視系統，功能包括

■ 偵測是否有人進出大門，蜂鳴器發出警示聲響，拍照、寄信

■ 伺服馬達驅動攝影機座 180° 旋轉，觀看各角度即時影像

■ 以手動模式按下按鍵，拍照、寄信

■ 照片檔案名稱依據取像日期、時間命名

基本硬體組成

■ 樹莓派

■ PIR 感測器

■ 網路攝影機

■ 蜂鳴器

■ 伺服馬達

📶 電路布置

1. **PIR 感測器**：訊號輸出至樹莓派 GPIO27。

2. **伺服馬達**：控制訊號輸入接樹莓派 GPIO13。

3. **蜂鳴器**：接樹莓派 GPIO12。

4. **網路攝影機**：以 USB 電纜線接至樹莓派，攝影機座裝在伺服馬達轉軸上。電路如圖 11.1。

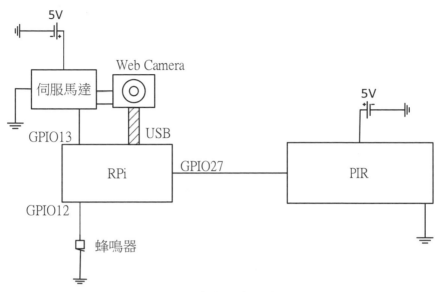

圖 11.1　居家安全監視系統電路

🛜 樹莓派設定

除了使用 Node-RED 撰寫程式、建立使用者介面外，還需要其他前置作業配合。

1. 攝影機相關設定

將網路攝影機當成監視器，需安裝 motion 程式（官網：https://motion-project.github.io/index.html）。motion 程式可以監視多台攝影機影像，同時可以偵測運動，本書僅用它來以串流方式將攝影機所拍攝的影像即時呈現在網頁上。本書使用 motion 版本 4.3.2。

(1) 安裝 motion

```
$ sudo apt install motion
```

（參考資料：https://motion-project.github.io/motion_guide.html）

(2) 修改設定檔案：安裝完成後，打開設定檔進行修改

```
$ sudo nano /etc/motion/motion.conf
```

(參考資料：https://motion-project.github.io/motion_config.html)

到檔案最底，新增 logfile 設定

```
logfile /home/pi/motion/motion.log
```

註：pi 為預設使用者，若設其他使用者名稱，請更換名稱。

(3) 新增目錄、設定 log 檔案讀寫權限：log 檔案名稱 motion.log

```
$ cd /home/pi
$ mkdir motion        # 新增目錄 motion
$ cd motion
$ touch motion.log    # 建立空檔案
$ sudo chown motion:motion motion.log
                      # 設定 motion.log 的擁有者與群組為 motion
                      # 安裝 motion 程式時已建立 motion 群組
```

(參考資料：https://raspberrypi.stackexchange.com/questions/78715/
motion-daemon-var-log-motion-motion-log-permission-denied)

(4) 啟動 motion：手動方式啟動 motion 程式

```
$ sudo systemctl start motion
```

(5) 檢視 motion 服務狀態

```
$ sudo service motion status
```

若字幕中有一行顯示 active（running），例如

```
Active: active (running) since Mon 2022-12-19 10:33:18 CST; 3s ago
```

表示 motion 正常運作。

(6) 觀看即時監視影像：打開網頁瀏覽器，網址 http://localhost:8081；8081
為第 1 部攝影機預設的串流埠號，第 2 部為 8082，以此類推。

(7) motion 與 fswebcam 不可以同時執行，拍攝照片時必須先終止 motion 程式，終止 motion 指令

```
$ sudo systemctl stop motion
```

2. 安裝電子信箱結點

   Manage palette > Install，搜尋「email」，出現 node-red-node-email，點擊「install」。

3. 電子信箱設定

   使用 google mail server 將所拍攝的照片寄至自己電子信箱，讀者若無 google 帳號，請即刻申請。進入 Google 帳戶設定頁面 > 安全性 > 登入 Google，如圖 11.2。設定「應用程式密碼」

   ◆ 選取應用程式：郵件

   ◆ 選取裝置：iPhone、Windows 電腦、或其他（自訂名稱）

   如圖 11.3，點擊「產生」，產生 16 字元密碼，如圖 11.4，這密碼用在 Node-RED。

   註：Google 為保護帳戶安全，自 2022 年 5 月 30 日起 將不再支援第三方應用程式或裝置只要求以使用者名稱和密碼登入 Google 帳戶，也建議一律關閉「低安全性應用程式存取權」設定。

   （參考資料：https://support.google.com/accounts/answer/6010255?hl=en#:~:text=Turn%20off%20%22Less%20secure%20app,Allow%20less%20secure%20apps%20off.）

圖 11.2　Google 帳戶安全設定

圖 11.3　Google 帳戶安全設定

圖 11.4　裝置專用應用程式密碼

流程規劃

流程如圖 11.5，分成 4 個部分

- Monitoring：PIR 感測器監測大門動靜、控制蜂鳴器、拍照、寄信

- Take Photo：手動拍照、寄信

- Rotate Camera：旋轉攝影機座

- Browse localhost: 8081：觀看即時影像

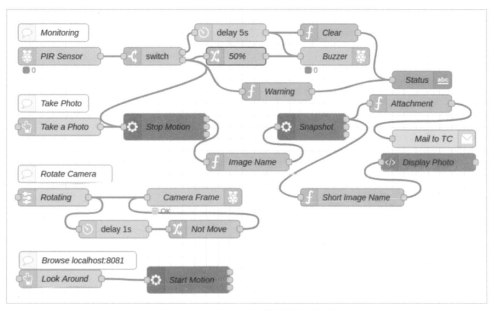

圖 11.5　居家安全監視系統流程

使用者介面設計

按 Node-RED 網頁右上角「≡」> View > Dashboard > Layout，「+tab」新增
頁籤 [Security]，「+group」新增群組 Functions、Display，Functions 群組為控

制介面,在「流程規劃區」新增 2 個 button、1 個 slider、以及 1 個 text 結點;
Display 為照片顯示介面,新增 1 個 template 結點,如圖 11.6。

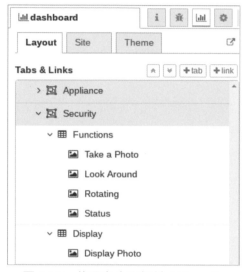

圖 11.6　使用者介面設計:Security

各結點說明

1. **Monitoring**

    PIR 感測器結點之後的作業包括

    ◆ 拍照、寄信

    ◆ 蜂鳴器響 5s

    ◆ 頁面顯示警語,5s 後清除

    (1) rpi-gpio in: 名 稱 PIR Sensor, 設 定 GPIO27 為 輸 入 腳 位,Resistor?
    none,預設反彈跳時間 25ms,監測區有動靜時,輸出高準位。

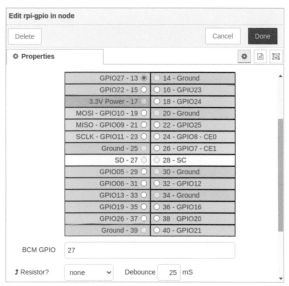

圖 11.7　rpi-gpio in 結點編輯：PIR Sensor

(2) switch：2 個輸出，msg.payload 等於 0 時，訊息由第 1 分支輸出；等於 1 時，訊息由第 2 分支輸出。請注意它不是 dashboard switch。

圖 11.8　switch 結點編輯

(3) exec

- Stop Motion：停止 motion 指令 sudo systemctl stop motion，如圖 11.9，其中 +Append 不勾選 msg.payload

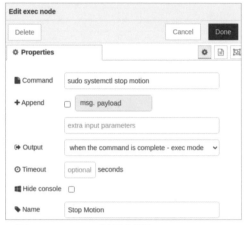

圖 11.9　exec 結點編輯：Stop Motion

- Snapshot：執行拍照指令 fswebcam --no-banner -r 640x480 msg. payload，照片檔案名稱為前一個結點的 msg.payload

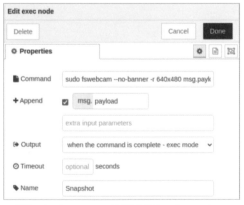

圖 11.10　exec 結點編輯：Snapshot

(4) function

- Image Name：建立 Date 物件，根據日期、時間組成檔案名稱，例如：2021 年 8 月 2 日 15 時 37 分 55 秒，檔案名稱為 2-15-3755.jpg，照片

儲存在 .node-red/public/images 目錄；flow 變數 'JPG' 為照片檔案名
稱，flow 變數 'LongJPG' 為完整的檔案路徑。在執行「fswebcam」
指令時，須設定完整檔案路徑。註：.node-red 目錄位在 pi 目錄下，
它是隱藏目錄，可以執行 $ ls -a 查看，請讀者建立 public 目錄，並在
public 目錄下建立 images 目錄

圖 11.11 function 結點編輯：Image Name

- Short Image Name：照片檔案部分路徑，由於使用者介面使用
  template 結點僅需部分路徑（此部分用於照片顯示）；fileName 為
  照片檔案名稱，取自 flow 變數 'JPG'，輸出訊息負載為 '/images/'+
  檔案名稱，例如：照片檔案名稱為 '2-15-3755.jpg'，輸出訊息為 '/
  images/2-15-3755.jpg '

圖 11.12 function 結點編輯：Short Image Name

- Attachment：編輯電子信函，內容為附加照片檔案，fileName1 為檔案名稱，取自 flow 變數 'JPG'，fileName2 為完整路徑，取自 flow 變數 'LongJPG'，路徑必須完全正確，否則照片無法寄出

圖 11.13　function 結點編輯：Attachment

- Warning：產生警語「Invasion!!」，表示有人進出大門

圖 11.14　function 結點編輯：Warning

- Clear：清除警語

圖 11.15　function 結點編輯：Clear

(5) change：名稱 50%，設定 PWM 訊號占空比為 50%，產生方波訊號，作為蜂鳴器使用，如圖 11.16。

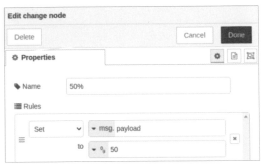

圖 11.16　change 結點編輯：50%

(6) email：名稱 Mail to TC，使用 google mail server：smpt.gmail.com，Userid 為電子信箱帳號，To 與 Userid 相同，表示寄信給自己，本例為筆者信箱 tclinnchu@gmail.com，Password 為在 Google 帳號取得的「應用程式密碼」。

圖 11.17　email 結點編輯：Mail to TC

(7) template：名稱 Display Photo，利用 html 的 img 標籤將圖片嵌入使用者介面網頁上：<img src={{msg.payload}} height='480' width='640' id='img' >；此結點隸屬於 [Security] Display 群組。

啟動流程前,需修改 Node-RED 設定檔 settings.js,由於它涉及相當多內容,讀者若不清楚相關細節,請勿任意更動。打開、編輯 settings.js,

```
$ sudo nano .node-red/settings.js
```

搜尋 httpStatic,通常該行預設註解(//),解除註解,更改內容:

```
httpStatic: '/home/pi/.node-red/public/',
```

儲存後,停止 Node-RED,再重新啟動 Node-RED。

「Short Image Name」結點產生的照片部分路徑,它的第 1 個「/」會被 httpStatic 替換掉,例如:'/images/2-15-3755.jpg',在 template 中會變成 '/home/pi/.node-red/public/images/2-15-3755.jpg';若未正確設定,找不到照片檔案,將無法呈現預期的使用者介面。

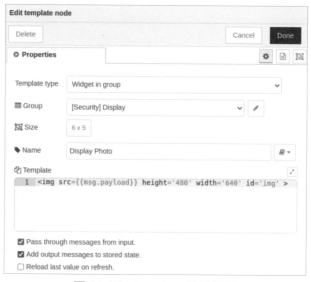

圖 11.18　template 結點編輯

(8) rpi-gpio out:名稱 Buzzer,輸出 PWM 訊號至蜂鳴器,設定 GPIO12 為 PWM 輸出腳位,頻率 523Hz(高音 Do)。

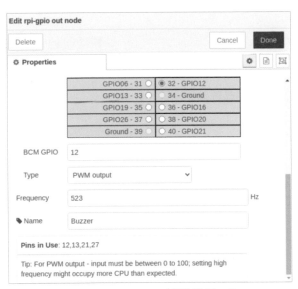

圖 11.19　rpi-gpio out 結點編輯：Buzzer

(9)　delay：蜂鳴器響 5s 後停止。

(10) text：名稱 Status，標籤為「STATUS>>」，顯示門禁狀態。

圖 11.20　text 結點編輯：Status

2. **Take Photo**

button：名稱與標籤為「Take a Photo」，點擊按鍵觸發下一個結點。後面流程的拍照、寄信與 Monitoring 流程相同。

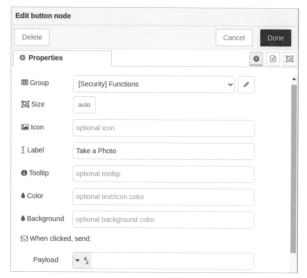

圖 11.21　button 結點編輯：Take a Photo

3. **Rotate Camera**

(1) slider：名稱 Rotating，標籤為「ROTATING」，範圍為 2.5 ～ 12.5，為 PWM 訊號的占空比，2.5 伺服馬達轉軸 0°，12.5 伺服馬達旋轉 180°，最小刻度 0.1，相當於 1.8°。Output「only on release」，鬆開滑鼠按鍵才輸出數值。

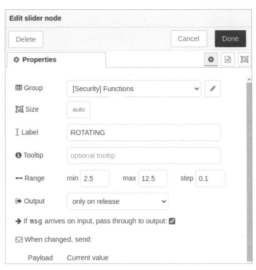

圖 11.22 slider 結點編輯：Rotating

(2) change：名稱 Not Move，輸出 0，伺服馬達停止轉動。

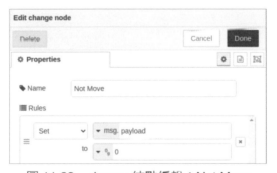

圖 11.23 change 結點編輯：Not Move

(3) rpi-gpio out：名稱 Camera Frame，輸出 PWM 訊號至伺服馬達，設定 GPIO13 為 PWM 輸出腳位，頻率設為 50Hz。

圖 11.24　rpi-gpio out 結點編輯：Camera Frame

4.　**Browse localhost:8081**

(1) button：名稱 Look Around，標籤為「LOOK AROUND」，點擊按鍵觸發下一個結點。

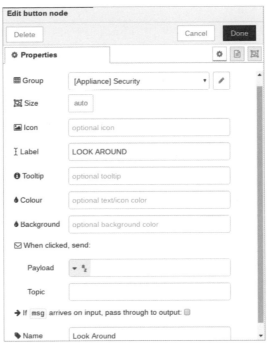

圖 11.25　button 結點編輯：Look Around

(2) exec：名稱 Start Motion，啟動 motion 指令 sudo systemctl start motion，
如圖 11.26，其中 +Append 不勾選 msg.payload。

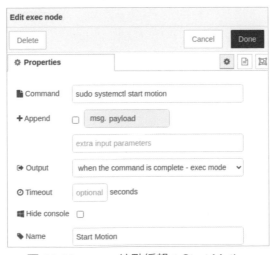

圖 11.26　exec 結點編輯：Start Motion

執行結果

使用者介面如圖 11.27，設定伺服馬達 PWM 訊號占空比為 7.5%，攝影機座轉 90°，點擊「TAKE A PHOTO」，拍照、寄信；點擊「LOOK AROUND」後，打開 瀏覽器，網址 http://localhost:8081，觀看即時影像。

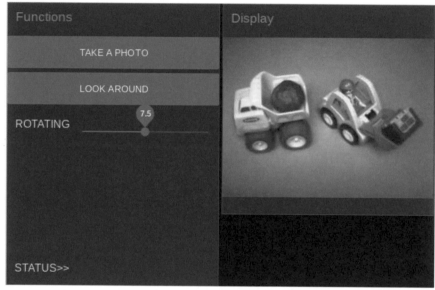

圖 11.27　居家安全監視系統使用者介面

11.1 試在居家安全監視系統中增設窗戶開啟偵測,利用磁簧開關(或門窗開關)裝在窗戶與窗框,窗戶緊閉時,磁簧互相吸引,電路呈現導通狀態,一旦打開窗戶,磁簧彼此分離,電路斷開,即時發出警示。窗戶緊閉時,顯示 'Window is closed!',窗戶一旦開啟,即時顯示 'Invasion!!',蜂鳴器響起,2s 後停止。磁簧開關接至 ESP32,蜂鳴器設在樹莓派。ESP32 為窗戶啟閉狀態的訊息發布者,樹莓派為訂閱者,同時 MQTT 伺服器設在樹莓派。

MEMO

12
CHAPTER

使用者介面
客製化

前幾章使用者介面的按鍵、開關等，包括它們的圖標、顏色，都是使用 Node-RED 預設，相當制式的格式，若要讓它更活潑、更多樣，Node-RED 提供一些工具，可以依據個人喜好客製化使用者介面。使用者介面有頁籤（Tab）、群組（Group）、小部件（Widget）（即配置在各群組的按鍵、開關、儀表等）等組成，可以針對這些組成的外觀風格進行設計。本章的內容包括

- 主題設計（Theme）
- 介面格式設計（Site）
- 版面配置（Layout）

12.1　主題設計

主題設計（Theme）是對頁面整體風格以及色彩、字型的統一設定。按 Node-RED 網頁右上角「≡」> View > Dashboard > Theme，預設為「Light」風格、「System Font」字型，如圖 12.1。

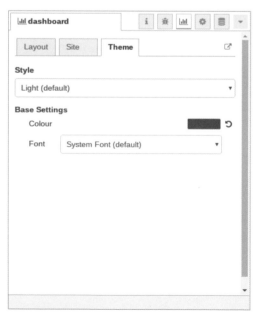

圖 12.1　主題設計

先規劃一個簡單的使用者介面，由 button、switch、slider、gauge 結點組成流程，其中 slider 輸出數值至 gauge，如圖 12.2，再以這個使用者介面說明如何客製化。

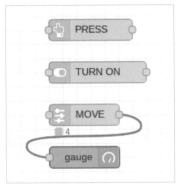

圖 12.2　簡單流程

🛜 色彩調配

1. 明亮背景：Theme ＞ Style ＞ Light（default），點擊 Base Settings ＞ Colour 色塊，調色盤如圖 12.3，設定 RGB 灰階值：R=8、G=0、B=206，灰階值範圍 0 ～ 255。改變設定後的使用者介面如圖 12.4，圖中 TURN ON 為 switch，非預設圖標，稍後說明如何取得。

圖 12.3　調色盤：R=8、G=0、B=206

圖 12.4　明亮背景使用者介面

2. 深暗背景：Theme ＞ Style ＞ Dark。調色盤如圖 12.5，顏色資料除了設定 RGB 灰階值外，也可以設定 3 個灰階值組合的十六進位數 (HEX)，本例為 #337909；改變設定後的使用者介面如圖 12.6。

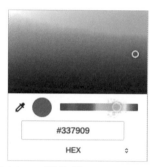

圖 12.5　調色盤：#337909　　　圖 12.6　深暗背景使用者介面

客製化使用者介面色彩

Theme ＞ Style ＞ Custom，設定顏色步驟與前面相同，可以逐項設定，如圖 12.7。

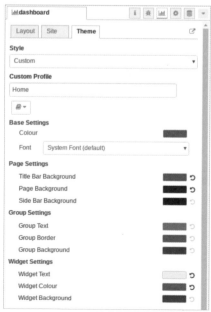

圖 12.7　客製化使用者介面顏色與字型

1. **Custom Profile**：使用資料庫儲存的 Custom Profile，或在本次完成設定後，儲存供以後使用，本例名稱為 Home。

2. **Base Settings**：選擇主要色系與字型。

3. **Page Settings**

    (1) Title Bar Background：設定標題背景顏色。

    (2) Page Background：設定頁面背景顏色。

    (3) Side Bar Background：設定側邊選單背景顏色。

4. **Group Settings**

    (1) Group Text：群組文字顏色。

    (2) Group Border：群組邊線顏色。

    (3) Group Background：群組背景顏色。

5. **Widget Settings**

    (1) Widget Text：小部件文字顏色。

    (2) Widget Colour：小部件顏色。

    (3) Widget Background：小部件背景顏色。

將前面使用者介面的小部件文字設為藍色（#0410F9）、小部件設 為 橘 色（#FCB908）、背景設為灰色（#A9B1BC），改變設定後的使用者介面如圖 12.8。

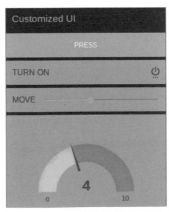

圖 12.8　客製化使用者介面

12.2 介面格式設計

介面格式設計主要針對使用者頁面的標題、側邊選單、群組與小部件寬度、切換
頁籤方式等選項的設定，按 Node-RED 網頁右上角「≡」> View > Dashboard
> Site，進入設定視窗，如圖 12.9。

圖 12.9　介面格式設定

1.   **Title**：網頁顯示的標題，預設標題為 Node-RED Dashboard。

2.   **Options**

     (1) Show the title bar/Hide the title bar：顯示或隱藏標題。

     (2) Click to show side menu/Always show side menu/Always show icons only：點擊顯示 / 永遠顯示側邊選單 / 永遠只顯示圖標。

     (3) No swipe between tabs/Allow swipe between tabs/Allow swipe (+mouse) between tabs/Swipe to open/close menu：頁籤間不可滑動 / 允許滑動 / 允許滑鼠切換 / 滑動開啟或關閉選單，用於觸控螢幕。

     (4) Node-RED theme everywhere/Use Angular theme in ui_template/Angular theme everywhere：採用 Node-RED 或 Angular 主題，即顏色與字型格式。

3.   **Date Format**：設定圖表或標籤的日期格式，預設格式 DD/MM/YYYY。

4.   **Sizes**：設定小部件、群組的尺寸

     (1) 1x1 Widget Size：小部件 1 個單位的尺寸，預設水平、垂直各 48 px（像素點）。

     (2) Widget Spacing：小部件每一個單位間隔，預設值 6 px。

     (3) Group Padding：群組區到邊框距離，預設值 0 px。

     (4) Group Spacing：群組區間隔，預設值 6 px。

12.3　版面配置

按 Node-RED 網頁右上角「≡」> View > Dashboard > Layout，「+tab」新增頁籤 [Customized UI]，「+group」新增群組 Customized UI，如圖 12.10。

圖 12.10　使用者介面版面配置

1. 頁籤編輯：點擊頁籤 [Customized UI] ＞ edit，如圖 12.11。顯示在側邊選單的圖標（Icon）預設為「dashboard」，可點擊 i 訊息視窗的「Material Design icon」（https://klarsys.github.io/angular-material-icons/）或「Font Awesome icon」（https://fontawesome.com/v4.7.0/icons/），查詢適宜的圖標，取得名稱；例如：「Material Design icon」的 assignment，取代原來的「dashboard」，可獲得如圖 12.12 側邊選單 [Customized UI] 頁籤的「assignment」圖標，圖中其餘 [Appliance] 與 [Security] 頁籤維持原有的「dashboard」圖標。如果使用「Font Awesome icon」圖標，名稱需在原名稱前面加上「fa-」，例如：「check-circle-o」，使用「fa- check-circle-o」。

Edit dashboard group node > **Edit dashboard tab node**

| Delete | | Cancel | Update |

⚙ **Properties**

🏷 Name	Customized UI
🖼 Icon	dashboard
⊘ State	⬤ Enabled
👁 Nav. Menu	⬤ Visible

The **Icon** field can be either a Material Design icon *(e.g. 'check', 'close')* or a Font Awesome icon *(e.g. 'fa-fire')*, or a Weather icon *(e.g. 'wi-wu-sunny')*.

You can use the full set of google material icons if you add 'mi-' to the icon name. e.g. 'mi-videogame_asset'.

圖 12.11 頁籤編輯

圖 12.12 頁籤：assignment 圖標

2. 群組編輯：點擊頁籤 [Customized UI] ＞ 群組 Customized UI ＞ edit，如圖
   12.13

   (1) Name：名稱 Customized UI。

   (2) Tab：群組隸屬於 [Customized UI]。

   (3) Width：群組的預設寬度為 6 個單位，每個單位 48 px，加上各單位間隔
       6 px，可以計算出群組預設寬度為 318 px。

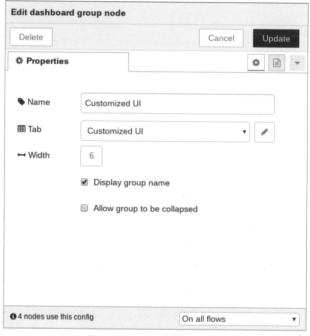

圖 12.13　群組版面配置

3. 小部件編輯：續前例，群組「Customized UI」已有 4 個小部件，可以進一
   步更改寬度、顏色、圖標，設定步驟大致相同，僅說明如何設定 button 與
   switch 小部件

   (1) button： 隸 屬 於 [Customized UI] Customized UI 群 組， 大 小 Size 為
       「auto」（配合群組自動調整，若群組寬度為 6 單位，button 也是 6 單

位，高度 1 單位），點擊「auto」可以設定寬度與高度。Icon 使用預設圖標，標籤為「PRESS」，Colour 值為 #0410F9，Background 為 red（紅色）（或 #FF0000），如圖 12.14，改變設定後的使用者介面如圖 12.15。

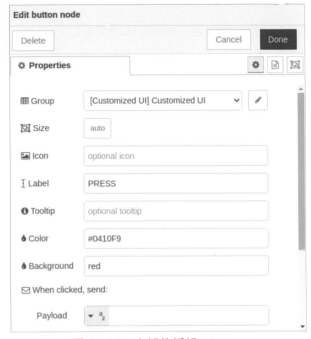

圖 12.14　小部件編輯：button

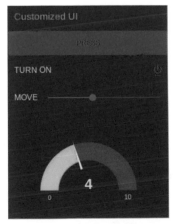

圖 12.15　使用者介面：改變 button 顏色

(2) switch：隸屬於 [Customized UI] Customized UI 群組，標籤為「TURN ON」，Icon 選 Custom，如圖 12.16；switch 開啟與關閉的狀態不同，需分別設定

① On Icon：查詢「Material Design icon」，得知一圖標名稱為「settings_power」，將名稱鍵入欄位，Colour 值為 red。

② Off Icon：圖標與 On Icon 相同，Colour 值為 green。

圖 12.15 中「TURN ON」標籤後面的符號即是「settings_power」圖標。

圖 12.16　小部件編輯：switch

相關網站提供的各式各樣圖標，讀者可以仔細查詢、善加運用，讓使用者介面更生動、醒目。

12.1 試設計一使用者介面：2 個 button，標籤分別為「POWER STATION 1」、「POWER STATION 2」，使用「Font Awesome icon」圖標，名稱為「fa-power-off」。

12.2 試設計一使用者介面：1 個 switch，標籤為「MAIN ENTRANCE」，使用「Material Design icon」圖標，「On」Icon 使用「lock」，「Off」Icon 使用「lock_open」。

MEMO

參考資料

1. 樹莓派官網：https://www.raspberrypi.org/。

2. Python 官網：https://www.python.org/ 。

3. MicroPython 官網：https://micropython.org/。

4. JavaScript 與 Python 學習網站：https://www.w3schools.com/。

5. Node-RED 網站：https://nodered.org/。

6. mosquitto MQTT 官網：https://mosquitto.org/。

7. MQTT Python 函式庫官網：https://pypi.org/project/paho-mqtt/。

8. ESP32 官網：https://www.espressif.com/zh-hans/home。

9. NodeMCU-32S 規格：https://docs.ai-thinker.com/_media/esp32/docs/nodemcu-32s_product_specification.pdf。

附錄 A：JavaScript 介紹

本書第 8 ～ 11 章使用 Node-RED 規劃流程，其中 function 結點是 JavaScript 程式，本附錄介紹一些常用的語法。

1. **JavaScript 基本特性**

   (1) 以「{ }」界定程式區塊。

   (2) 每一行陳述以分號「；」結束。

   (3) 變數名稱大小寫有分，第一個必須為英文字母。

   (4) 字串以單引號或雙引號包住文字。

   (5) typeof 取得變數資料型態。

   (6) // 單行註解。

   (7) /* ….. */ 多行註解。

   (8) 變數名稱以駝峰式命名，例如：myName。

2. **變數種類**

   (1) string：字串。

   (2) number：數值。

   (3) boolean：布林值，true/false。

   (4) undefined：未定義資料型態變數。

   (5) null：沒有具備任何物件或數值之變數。

3. **變數宣告**

   (1) let：宣告一般變數或建立物件。

   (2) const：宣告常數變數。

   (3) var：新一代 JavaScript 語言標準不建議使用。

4. 物件（**object**）

    (1) 物件產生方式

        • 例如：let myObject = new Object();

        • 例如：let mySecondObject = {};

    (2) 新增屬性

        • 例如：myObject['name'] = 'RPi';

    (3) 讀寫物件屬性可以用 dot 運算子；也可以利用索引，索引屬性需引號

        • 例如：myObject.name = 'RPi Model B';

        • 例如：myObject['name']

5. **string** 物件方法

    (1) split：依據分隔字元分割字串。

    (2) slice：依據起始與終止索引取子字串。

    (3) length：字串長度。

    (4) search：搜尋子字串。

    (5) substr：依據起始索引取設定長度子字串。

    (6) toUpperCase：轉換成大寫字母。

    (7) toLowerCase：傳換成小寫字母。

    (8) trim：刪除字串前後空格。

    (9) concat：串接兩字串。

6. 條件判斷：以 {} 界定符合條件的執行範圍

```
if () {
}
else if {
}
else {
}
```

另外，「三元條件運算子」可用於簡單的判斷

weather = temperature >= 28? 'hot': 'cool';

7. 多情況判斷：每一個 case 需以 break 結束

```
switch (myCase) {
    case 'one':
        break;
    case 'two':
        break;
    default:
        break;
}
```

8. 邏輯運算

    (1) &&：and 運算。

    (2) ||：or 運算。

    (3) !：反相運算。

9. 比較運算：兩個運算元（operand）的比較

    (1) ==：相等。

    (2) ===：值與資料型態均相等。

    (3) >=：大於或等於。

    (4) <=：小於或等於。

    (5) !=：不等於。

    (6) !==：資料型態相同但值不相等。

10. 重複執行

    (1) for：重複特定迴圈數

```
for (let i=0; i<10; i++) {
}
```

(2) while：重複不特定迴圈數

```
let i = 0;
while (i < 10) {
    i++;
}
```

11. **array**：陣列以 [] 表示，元素資料型態可以不同，陣列也是一種物件，它的方法、屬性有

   (1) push：新增元素。

   (2) pop：移除最末項。

   (3) shift：移除首項。

   (4) length：陣列長度。

12. **function**：可供重複使用的函式

```
function functionName(argments) {
}
```

13. **內建函式**

   (1) parseInt()：將數字字串轉換成整數值。

   (2) parseFloat()：將數字字串轉換成浮點數值。

14. **Date 物件**

   (1) 建立 Date 物件：例如 let myDate = new Date()。

   (2) 物件方法

   ● getDate()：當月第幾天（1 至 31）

- getDay()：星期幾（0 至 6）

- getFullYear()：西元年

- getMonth()：月份

- getHours()：幾點

- getMinutes()：幾分

- getSeconds()：幾秒

（參考資料：https://www.w3schools.com/jsref/）

附錄 B：利用 OpenVPN 達成跨網域監控

本附錄介紹如何建立「虛擬私人網路」(VPN)，並以 TP-Link 的 Archer C1200 型號無線路由器為例進行示範說明。雖然市面上有各種品牌、型號的路由器，彼此之間或許功能稍有差異，但基本的作用原理、操作介面、使用方式是雷同，讀者應該可以依據以下步驟順利進行操作。完成設定後，利用 OpenVPN 應用程式連上 VPN，即使人在不同網域如工作地點或公共場所，也可以運用手機或電腦監控家中的樹莓派、ESP32 等裝置。

製作 OpenVPN 組態檔

1. 進入 **TP-Link** 無線路由器網頁管理介面

    網址：192.168.0.1，如圖 B.1，登入後進行設定，第 1 次使用的帳號與密碼為 admin。

圖 B.1　無線路由器網頁管理介面

2. 設定動態 DNS

藉由動態網域名稱伺服器（Dynamic Domain Name Server；DDNS）可以取得固定的網域名稱，一旦取得使用，無論路由器的 IP 是動態或是更動，在遠端均可以連到這個指定的路由器，進而瀏覽在路由器同一網域的網頁，例如：Node-RED 使用者介面或即時觀看影片串流網頁。打開「進階設定」頁籤 > 網路 > 動態 DNS

(1) 服務提供者：勾選 TP-Link，以電子信箱申請。

(2) 網域名稱列表：註冊網域名稱（筆者使用的網域名稱為 tclinnchu.tplinkdns.com），點擊「註冊」；這網域名稱將用於 VPN 伺服器的組態檔。

圖 B.2　動態 DNS 設定

3. 設定 VPN 伺服器

(1) 啟用 VPN 伺服器

- 服務類型：勾選 TCP

- 服務埠：0 至 65535，其中 0 至 1023 保留給常見的 TCP/IP 應用（其他註冊使用埠號詳見 https://www.sciencedirect.com/topics/computer-science/registered-port），一般 ISP 廠商會管控服務埠，請洽詢並要求他們開放一定的服務埠範圍，本例服務埠為 8050

- VPN 子網路 / 網路遮罩：毋須更改

- 用戶端存取：勾選網際網路和家庭網路

- 儲存

(2) 憑證：點擊「生成」取得憑證。

(3) 組態檔：點擊「匯出」，組態檔儲存於下載的目錄，副檔名為 ovpn。

圖 B.3　製作 VPN 伺服器組態檔

(3) 修改組態檔：打開組態檔，將其中的動態 IP 換成在「設定動態 DNS」註冊之網域名稱，例如：tclinnchu.tplinkdns.com；內容類似

```
client
dev tun
proto tcp
float
nobind
cipher AES-128-CBC
comp-lzo adaptive
resolv-retry infinite
persist-key
persist-tun
remote 動態 IP 8050
<ca>
.....
```

📶 以智慧型手機連至樹莓派網頁（以 **Android** 手機為例）

1. 至 Google Play 下載並安裝 OpenVPN Connect 應用軟體。

圖 B.4　OpenVPN Connect APP

2. 執行 **OpenVPN Connect** 應用程式：匯入組態檔（可藉由電子郵件或雲端硬碟下載組態檔至智慧型手機，此檔案在手機內部儲存空間或 SD 記憶卡），圖例組態檔案名稱為 OpenVPN-Config8050.ovpn。按下 ADD，成功匯入後，此時請中斷與無線路由器的連線，改用行動數據，按下開關，當開關轉為綠色，即連線成功，如圖 B.5。

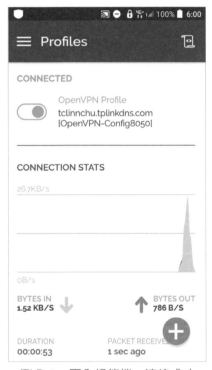

圖 B.5　匯入組態檔、連線成功

3. 測試

當 OpenVPN 成功連接至無線網路路由器，如果樹莓派網址為 192.168.0.176（樹莓派 Node-RED 執行中），打開瀏覽器，網址 192.168.0.176:1880/ui，進入 Node-RED 使用者介面，如圖 B.6，可以操作介面；或 192.168.0.176:8081，進入攝影機拍攝影片串流網頁，請參閱本書第 11 章。

圖 B.6　智慧型手機瀏覽 192.168.0.176:1880/ui 網頁

以電腦連至樹莓派網頁（以 **Windows** 作業系統電腦為例）

1.　至 https://openvpn.net/community-downloads/ 下載 OpenVPN-2.5.3-1601-amd64.msi（以 Windows 64-bit MSI Installer 為例），如圖 B.7。

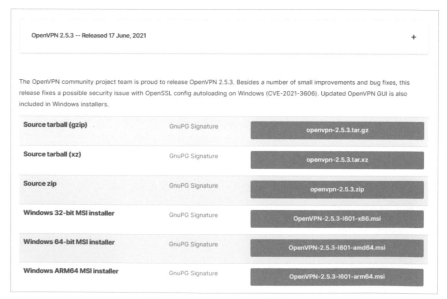

圖 B.7　OpenVPN 下載網頁

1. 進入 Windows 開始功能表，點選在 OpenVPN 目錄 OpenVPN Configuration File Directory，將組態檔儲存在此目錄，仍使用前例相同組態檔 OpenVPN-Config8050.ovpn。

2. **執行 OpenVPN GUI 應用程式**：成功匯入組態檔後，中斷與無線路由器的連線，改連接至手機提供的可攜式 Wi-Fi 熱點（此時的智慧型手機為行動數據），按下連線，若獲得類似如圖 B.8 所列訊息，表示連線成功。

圖 B.8　OpenVPN 連線狀態

3. 測試

    當 OpenVPN 成功連接無線網路路由器，如果樹莓派網址為 192.168.0.176（樹莓派 Node-RED 執行中），打開電腦瀏覽器，網址 192.168.0.176:1880/ui，進入 Node-RED 使用者介面，如圖 B.9，顯示 Curtain、Shutter、Coffee Maker 頁籤，可以操作各個開關。

圖 B.9　電腦瀏覽 192.168.0.176:1880/ui 網頁

附錄 C：電子零件清單

項次	項目名稱	數量	使用的章節
1	Raspberry Pi 4 Model B	1	1～4、6～12
2	ESP32	1～4	5～11
3	PIR 感測器	1	3、4、11
4	網路攝影機	1	1、3～4、11
5	樹莓派腳位 T 型轉接板	2	1、3～4、11
6	DHT11	1～4	3、5～6、8～9
7	DHT22	1～4	3、5～6、8～9
8	SSD1306 OLED	1	5
9	L293D 馬達驅動器	1	10
10	繼電器模組	1～4	5～10
11	直流馬達	1	5、7、10
12	28BYJ-48-5V 步進馬達	1	3
13	ULN2003A	1	3
14	伺服馬達 MG995	2	3～5、8、10～11
15	溫度感測器 LM35DZ	1	5
16	超音波感測模組 HC-SR04P	1	3、7
17	LED	10	3～8
18	330Ω 電阻器	10	3～8
19	10kΩ 電阻器	5	3、5、10
20	1kΩ 電阻器	5	3
21	按壓開關	5	3～7
22	極限開關	3	7～8、10
23	磁簧開關	2	11
24	光敏電阻器（CdS 5mm）	1	5～6、9～10
25	蜂鳴器	1	7、11
26	麵包板	2	3～11
27	跳線		3～11